连山 〉著

拒绝力

中国华侨出版社
北京

前言

　　有心理学家指出，优秀是一种心理习惯，优秀意味着比别人有更多的自信，更为大方磊落，更加积极乐观。反观失败这种心理习惯，则表现为拘谨、优柔寡断，甚至有时显得有些卑琐。正所谓心态决定命运，心理习惯与暗示所形成的心态就像一扇双向的门，一边通向成功，另一边通向失败，差别往往只是细枝末节上的。然而就是这些细微的差别，可能决定一个人的命运。

　　不懂拒绝就是一种失败的心理习惯。中国是有五千年历史的文明古国，恭顺谦和、礼貌谦卑也一直都是中华民族的传统美德。我们从很小的时候开始就一直潜移默化地受父母及身边的长辈影响，他们告诉我们和人不要争、不要抢，吃亏是福。

　　中国向来是礼仪之邦，礼仪是我们崇尚的社会伦理；友善、中庸也是中国人的为人处世之道。可是，有多少时候，你讲道理，对方跟你讲情面；你想拒绝，怕得罪人；你想求助他人，怕伤自尊心。

　　随着时代的发展，竞争越发激烈。在适者生存的大环境下，有的人选择躲在自己"不好意思"的躯壳中来逃避现实。"不好意思"已成了懦弱、自卑的代名词。生活中的一些麻烦源于你不懂拒绝一些无理的要求。

造成"不好意思"的原因有很多种，你不懂得拒绝、太过缺乏自信、爱面子等，这些都使你经常把"不好意思"挂在嘴边。本书通过大量的事实和案例深入浅出地探讨了"不懂拒绝"这种现象产生的原因，引导读者改变"不好意思"的心理，学会拒绝别人的不合理要求，不再懦弱和自卑，做生活的主人，做内心强大的自己。

目录

CONTENTS

第五章　拒绝是一门艺术

目录

序章

你可以说「不」

说"不"，没你想象的那么难

很多人在面对别人的时候，不敢拒绝对方，总是担心拒绝别人会导致一些问题的出现，事实上，往往这些担心都是多余的，比如：

如果拒绝了对方，别人会觉得我很自私；

如果拒绝了对方，别人会和我疏远；

如果拒绝了对方，别人将不再与我来往。

然而，真的是这样吗？其实不然，这些场景在多数情况下都没有真实地发生，而只是发生在你的头脑里。正是因为想象出来的这些可怕场景，让你不敢对别人说"不"，哪怕是非常过分的要求，且心里并不乐意。这些压抑的情绪并不会自己消失。

自以为的忍让，不仅让自己痛苦不堪；而同时答应别人的事情，也没有能够很好地完成，换来的只有自己的痛苦。殊不知，敢于拒绝别人，才是真正的无私；敢于拒绝别人，才能够换来真正健康的、良好的人际关系。

在职场也是如此，很多人不敢拒绝领导和同事，也是出于一些似是而非的理由：

如果我拒绝了领导，会因此而触犯他；

如果我拒绝了领导，会失去晋升的机会；

如果我拒绝了同事，会损害我的人际关系；

如果我拒绝了同事，会让别人觉得我没有团队意识；

……

事实上往往并非如此。在职场中，任何一个人的加薪或者升职一定不是因为他做的事情多，一定不是因为他总是在帮助别人，也不是因为他从不拒绝领导。在职场中，如果遇到了以下的三种情况，你最好拒绝对方，这样对你、对对方都是负责任的表现。

第一，被安排超出了工作范围的事务；

第二，被安排超过了自己能力范围的工作；

第三，让自己或者自己的团队的利益受损。

面对这样的情况，如果你不敢拒绝对方，那么你在职场的前途就堪忧了。没有领导喜欢看到自己的下属总是在处理职责以外的事情，没有领导喜欢看到自己的下属做一些让团队利益受损的事情，更没有人希望看到你答应的事情却无力办到。所以说，面对这样的情况，绝对不能忍气吞声。

小王大学毕业之后，进入一家公司工作，因为是新人，所以常常会被交办很多额外的事务，小王也都尽量很好地做完了。因为他的英语很好，公司有很多标书翻译的工作，又因为专职的翻译常常出差，或者找理由推脱，所以公司同事遇到翻译的事情常常找小王。慢慢地，小王心里也开始产生不满情绪，也会找机会推脱掉。

　　小王本以为多做些事情能够换来一些好的结果，但是公司的加薪名单中没有小王的名字。小王也明白了这些杂事做得再多，也不能换来自己在领导心中的良好印象。

　　事实上，小王遇到的情况很多职场新人都会遇到，本以为能够靠多做事来赢得领导的信任，结果却适得其反。小王做了翻译的事情，或许翻译觉得他多管闲事；同事虽然被帮忙了，但是也会觉得小王在逞能；至于领导，也会更加看重他分内工作的完成情况。所以，这些杂事并没有让小王得到好的结果。

　　小美的遭遇则更加让人同情。她从小受到很好的家教，进入职场之后，遇到了再大的不公平都不会提出不同意见，所以尽管她上班连桌椅都没有，她也默默地接受了现实。她的组长总是让她加班，很多时候加班到很晚，甚至连周六周日都要加班，这样一直持续了三个月。试用期满之后，组长对她说："你对工作还不够熟悉，所以你还需要再努力，暂时还不能够转正。"

　　小美一直认为是自己不够努力，也一直尽心尽力地努力工作，但是她转正的事情一直也没有结果。直到过了大半年之后，同事才跟她说，因为她处在试用期，所以组长就能够以带教她的名义加班，这样能够得到不菲的加班费。

　　就是因为小美一直忍让，所以才被组长得寸进尺地要求加班。试想，如果一开始，小美就提出自己的抗议而拒绝这样的无理由加班，那么或许组长看她态度坚决，早就按照公司规定转正了。

　　从这些例子中也可以看出，说"不"未必会带来什么严重的后果，但是不会说"不"，却总是会为你带来烦恼。在职场上，如果你总是想回避冲突，不敢据理力争，就会被别人看成逆来顺受，从而得寸进尺。所以，在面对不合理的要求的时候，勇敢地对对方说："对不起，这样不行！"

记住，拒绝是你的权利

对于一些人来说，说"不"是一件十分困难的事。配偶、朋友、孩子、老板、同事总有可能向你提出一些要求或请你帮忙。但是如果有些事情超出了你的能力，而你却碍于脸面，硬着头皮答应下来，最后为难的却是你。其实，你完全有权利对别人说"不"。

拒绝别人不是一件什么罪大恶极的事情，也不要把说"不"当成要与人决裂。是否把"不"说出口，应该是在衡量了自己的能力之后，做出的明确回应。虽然说"不"难免会让对方生气，但与其答应了对方又做不到，还不如表明自己拒绝的原因，相信对方也会体谅你。

雪莉·茜是好莱坞一位管理一家大制片公司的女士，她在30岁就当上了著名电影公司董事长。为什么她有如此能耐呢？主要原因是，她言出必行，办事果断，懂得拒绝。

好莱坞经理人欧文·保罗·拉札谈到雪莉时，认为与她一起工作过的人都非常敬佩她。欧文说，每当她请雪莉看一个电影脚本时，她总是立即就看，很快就给答复。不像其他人，如果给他看个脚本，即便不喜欢，也不表明态度，根本就不回话，而让你傻等。但是雪莉看了给她送去的脚本，都会有一个明确的回答，即使是她说"不"的时候，也还是把你当成朋友来对待。这么多年来，好莱坞作家最喜欢的人就是她。

通常情况下，如果是遇到一些不好办的事情，很多人总是以沉默来回答，事实上这种不明朗的拖延并不好，让对方感觉不到诚意。其实学会委婉地拒绝同样可以赢得他人对你的尊敬。

如果面对别人的不合理要求，明明知道自己做不到，却又违心地答应，这样的结果只能既造成对方的困扰，又失去别人对你的信任。所以，说"不"没什么开不了口的，只要站得住脚，就请勇敢地向别人说"不"吧。

说"不"是一门学问

在生活中，对于大多数人来说，张口拒绝别人是一件很棘手的事情。面对别人的请求，大都担心拒绝对方会使其感情受到伤害而迟迟不愿张口。但不拒绝又会使自己处于两难境地，对方提出的事情或者相对于自己有难度，又或者会因此造成自己不小的损失。

相信许多人都会因此而苦恼不已。怎么能让自己的措辞既能清晰地表达出来，又不会伤及对方的情感和自尊，甚至即使在拒绝他人时都能让对方愉悦地接受，这也是一门学问。

在拒绝别人的时候应该注意维护对方的颜面，让对方非常体面地接受拒绝，对方不但不会忌恨或尴尬，还会因此对你更加信服。所以，对他人的请求你无能为力时，就要学会说"不"。

当你想拒绝别人时，心里总是想："不，不行，不能这样做，不能答应！"嘴上却含糊不清地说："这个……好吧……可是……"这种口不应心的做法，一方面是怕得罪人；另一方面，过于直率地拒绝，也不利于待人接物。其实说"不"也是一门学问。

1. 要敢于说"不"

即使面对亲密之人的不当要求，我们也一定要坚持自己的原则。

一般来说，尽可能地帮助他人，这是人之常情。但是当对方的要求有违国家法律法规、有违社会公共道德或有违家庭伦理时，我们应坚守自己的原则和立场，毫不留情地予以拒绝，还应帮助对方改正那些错误的思想和行为。

2. 拒绝时要讲究艺术

当你拒绝对方的请求时，切记不要咬牙切齿、绷着一张脸，而应该带着友善的表情说"不"，才不会伤了彼此的和气。

两个打工的老乡找到在城里工作的李某，诉说打工的艰难，一再说住店住不起，租房又没有合适的，言外之意是想借宿。李某听后马上暗示说："是啊，城里比不了咱们乡下，住房可紧了，就拿我来说吧，这么两间耳朵眼大的房子，住着三代人，我那上高中的儿子，晚上只得睡沙发。你们大老远地来看我，难道不该留你们在我家好好地住上几天吗？可是做不到啊！"两位老乡听后，非常知趣地走了。

任何人都不愿被拒绝，因为拒绝别人，会使他人感到失望和痛苦。在拒绝对方时，更要表现出你的歉意，多给对方以安慰，多说几个"对不起""请原谅""不好意思""您别生气"之类的话。

拒绝别人是一件很难的事，如果处理得不好，很容易影响彼此的关系。所以，在拒绝别人的时候一定委婉地说"不"。喜剧大师卓别林就曾说过一句话："学会说'不'吧！"学会有艺术地说"不"，才是真正掌握了说话的艺术。

拒绝是一门学问，是一种应变的艺术。要想在拒绝时既消除自己的尴尬，又不让对方无台阶可下，就需要掌握巧妙的拒绝方法。

不要硬撑着，该说"不"时就说"不"

生活中有很多人，由于某种原因而抹不开面子，明明知道是自己很难办到的事，硬是撑着，结果使自己受累，对方也往往会感到尴尬，弄个费力不讨好的结局。

让我们读读下面的故事，或许对你有一些启发。

阿杰刚参加工作不久，姑妈来到这个城市看他。他陪着姑妈把这个小城转了转，就到了吃饭的时间。

阿杰身上只有 50 块钱，这已是他所能拿出招待对他很好的姑妈的全部资金。他很想找个小餐馆随便吃一点，可姑妈偏偏相中了一家很体面的餐厅。阿杰没办法，只得硬着头皮随她走了进去。

两人坐下来后，姑妈开始点菜。当她征询阿杰的意见时，阿杰只是含混地说："随便，随便。"此时，他的心中七上八下，放在衣袋中的手紧紧抓着那仅有的 50 元钱。这钱显然是不够的，怎么办？

可是姑妈似乎一点也没注意到阿杰的不安，她不住口地夸赞着可口的饭菜，阿杰却什么味道都没吃出来。

最后的时刻终于来了，彬彬有礼的侍者拿来了账单，径直向阿杰走来。阿杰张开嘴，却什么也没说出来。

姑妈温和地笑了。她拿过账单，把钱给了侍者，然后盯着阿杰说："我知道你的感觉。我一直在等你说'不'，可是你为什么不说呢？要知道，有些时候一定要勇敢坚决地把这个字说出来，这是最好的选择。我来这家餐厅，就是想要让你知道这个道理。"

这一课对所有的青年人都很重要：在你力不能及的时候要勇敢地把"不"说出来，否则你将陷入更加难堪的境地。

一个助人为乐的人唠叨说："能帮上忙我很快乐，但是我也不想因帮忙而得到不尊重的态度。有一回午夜时分一个陌生的太太说要将她的三个孩子送来我家，且要我负责接送上下学、伙食和讲床边故事。另一回，也是带人家的小孩，小孩的父亲怪我的伙食不行，还说我没教孩子英文、珠算、数学！还有一回，人家托我带孩子，说好晚间八点准时到，结果我等到十二点还没到！打电话去问，说是'误会'，就不了了之了。上班时，会计在年度结算，托我帮忙，我算得头昏脑涨，那会计喝茶快活去了。最后，还怪我太慢，害她被老板骂。"

做人应该懂得拒绝，该拒绝的必须拒绝。不要凡事都往自己身上揽，这样别人才会重视你、尊重你。一味地好心，不仅加重了别人的依赖，也加重了自己的负担，导致自己生活得很累。

第一章

都是『不好意思』惹的祸，

为什么拒绝总难以出口

死要面子，活得累

很多人为了"脸上有光"而吃尽了苦头。

"饿死事小，失节事大"，看来肚子问题不是人生最大的问题，脸皮比肚子更重要。兵败乌江的西楚霸王项羽，"且籍与江东子弟八千人渡江而西，今无一人还，纵江东父老怜而王我，我何面目见之"，项羽无颜见江东父老，遂拔剑自杀。

人活脸，树活皮。人吃饭是为了活着，但人活着不是为了吃饭。故而，有权高位重却布衣素食的贤良，这就是尊严与气节。伯夷、叔齐属殷的旧臣，因武王起兵伐纣，便愤而跑到首阳山去吃野菜，发誓"饿死不食周粟"。后有人告之："普天之下，莫非王土，率土之滨，莫非王臣，你吃的首阳山的野菜，不也是周天子的吗？"伯夷叔齐因此饿死。

男人刮脸，女人美容，油头粉面，眉黛唇红，都是为了面子；揭人不揭短，打人不打脸，也是为了面子。每个人都要面子，无论是有地位的人，还是平常百姓。

张小姐眼下正忙于结婚，她和男友决定举办一场隆重喜庆的婚礼，买婚纱就成了当务之急。她跑了很多家商场，有的婚纱她不满意，有的合心意却又买不起，她看中的一件法国进口婚纱标价为 28000 元，一般人哪能承受得了！再说，婚纱也许一生只能穿一次，除了富豪之家，谁也不愿意为这一次付出太高的代价。所以很多人都劝她租一套婚纱算了。可是张小姐不愿意因为只穿一次就委屈自己，也不愿姐妹们夸她婚纱漂亮询问价钱的时候，说自己的婚纱是租的。于是她执意要花 2 万多元买一套婚纱。而男友因为不想节外生枝，也只能把积攒的买房子的钱拿出一部分来，给她买这套昂贵的婚纱。

结婚那天，张小姐穿上买来的婚纱时，自然是引来了姐妹们的一番羡慕。可是一番得意以后，姐妹们散场后各回各家，过自己的生活，张小姐却开始后悔买了这么贵的衣服，也只能把它收起来，而自己的房子又得推迟一段时间才能住上。

除了结婚时候讲排场，许多人请客吃饭时也讲面子。什么人该请不该请，什么人再三邀请，什么人只不过是随便请请而已。被有面子的人请去吃饭固然有面子，能把有面子的人请来吃饭也同样有面子。请客的人，为了给客人面子，明明是觥筹交错、水陆杂陈，也说"没有什么菜"；被请的人，明明是味道不佳，胃口不适，但为了给主人面子，也得连连说"好吃好吃"。

婚事大办，请客大办。死要面子活受罪，仿佛人就是为了面子而活，凡事都要在面子上较劲。

其实，真正体面的人，是务实的人。

春秋时鲁国的季文子就不讲面子，大夫仲孙宅劝他说："阁下身为鲁国上卿，辅两朝国君，却妾不衣锦、马不食粟，别人会因为你脸上无光,国家脸上也不好看。"季文子说:"我只听说过美德仁政乃国之光华,没有听说小老婆穿得花枝招展、马儿吃得膘肥体壮,国家就有面子。"

如同戴着面具一样,自己有脸却让另一副面孔把自己盖住,游戏可以,做人行吗?唉,面子,面子,真是死要面子活受罪!

死要面子的人一般都是一些胆小怕事者,每说一句话都要考虑别人怎么看待自己,会不会因为这一句话而伤害某人;每做一件事都要瞻前顾后,生怕因为自己的举动而给自己带来不好的影响,对领导、同事、朋友、邻居万分小心。其实,你不可能做到使每个人都满意,而且自己又感觉那么累那么压抑,这是何苦呢?只要不违背常情,不失自己的良心,那么挺起胸膛来做人做事,效果一定比死要面子来得好。

别为面子沉浸在别人的吹捧中

喜欢被赞美是人的天性,但切不可因为面子而一味地沉浸其中。

历史上,因为不能正确对待他人赞美而导致失败的例子不胜枚举,最令人扼腕叹息的恐怕就是王安石笔下的方仲永了。

金溪县有个叫方仲永的人,他家世世代代以种田为业。方仲永5岁时便能作诗,并且诗的文采和寓意都很精妙,值得玩味。县里的人对此感到很惊讶,慢慢地都对他的父亲高看一等,有的还拿钱给他们。他父亲认为这样有利可图,便每天拉着方仲永四处拜见县里有名望的人,表演作诗,却不让他抓紧学习。到最后,方仲永已与普通人无异。

和方仲永不同的是，世界上越是伟大的人物，越能够清楚地认识自己的成功，对待他人的赞美，往往表现出谦虚谨慎的态度，有的甚至还很反感别人赞扬自己。英国首相丘吉尔就是一个例子。

在第二次世界大战中，丘吉尔对英伦之护卫有卓越功勋。战后，他卸任时，英国国会拟通过提案，塑造一尊他的铜像置于公园，供众人景仰。

一般人享此殊荣高兴还来不及，丘吉尔却一口回绝。他说："多谢大家的好意，我怕鸟儿喜欢在我的铜像上拉屎，还是请免了吧。"

伟大的人物、盖世的功勋只有靠人心才记得住，建造塑像不见得使你的形象更加伟大，除鸟儿在上边拉屎外，也许有一天还会有碍观瞻呢。

牛顿，这位杰出的学者、现代科学的奠基人，他发现了万有引力定律，提出了作为经典力学基础的牛顿运动定律，出版了《光学》一书，创制了反射望远镜，他还是微积分学的创始人……功绩显赫，可当听到朋友们称他为"伟人"时，他却说："不要那么说，我不知道世人会怎么看我。不过我自己只觉得好像一个孩子在海边玩耍的时候，偶尔拾到几只光亮的贝壳。但对于真正的知识海洋，我还没有发现呢。"有这样谦逊好学、永不满足的精神，牛顿的成功是必然的。

古今成大事业、大学问者，正是因为有了能够正确对待他人赞扬的态度和谦逊好学的精神，才达到人生的光辉顶点的。

走出虚荣的死胡同

要想在世上寻找一个毫无虚荣心的人，就和要寻找一个内心毫不隐藏低劣感情的人一样困难。其实，谁都有虚荣心。

谁不愿意被人奉承、恭维呢？而且没有必要不允许人们这样做。他人的赞同本身并没有害处，只有刻意去寻求他人的赞许，并把它当成一种必需而非一种渴望的时候才是一种误区，才成为一种爱慕虚荣的表现。

如果你渴望他人的赞许或同意，那么，一旦获得了他人的认可，你就会感到幸福、快乐。但是，如果你陷入这种无法摆脱的虚荣之中，那么，一旦没有得到它，你就会感到不舒服。这时候，自暴自弃的因素就会潜入。同样，一旦征求他人的同意成了你的一种"必需"，那么，你就把你自己的一大部分交给他人。在爱慕虚荣心理的驱使下，为得到他人的认可，他人的任何主张你都必须听从，甚至在很小的事情上。如果他人不同意，你就不敢轻举妄动。在这种情况下，虚荣心使得你选择的是让他人去申诉你的尊严或留给你面子。只有当他们给予你表扬时，你才会感觉良好。

这种征得他人同意的虚荣心极其有害。如果你有这样一种虚荣心，那么，你的人生就注定会有许多痛苦和挫折。而且，你会感到自己软弱无力，是没有社会地位的。如果你想获得个人的幸福，你必须将这种征得他人同意的虚荣心从你的生命中根除掉。这种虚荣心是心理上的死胡同，你从中绝不可能得到任何好处。

虚荣就是爱面子的一个极端的体现，因此在应酬活动中，我们不能只顾虚荣，那样就会得不偿失，也达不到我们的交往目的，还有可能被鄙视。

消除自己渴望被赞许的心理

爱面子的人都希望得到别人的赞许，但是要有个度。尽管赞许会让你的面子增色不少，却是精神上的死胡同，它绝不会给你带来任何益处。

一位名叫奥齐的中年人，对于现代社会的各种问题都有着自己的一些见解。每当自己的观点受到嘲讽时，他便感到十分沮丧。为了使自己的每一句话和每一个行动都能为每一个人所赞同，他花费了不少心思。他向别人谈起他同岳父的一次谈话。当时，他表示坚决赞成无痛致死法，而当他察觉岳父不满地皱起眉头时，便本能地立即修正了自己的观点："我刚才是说，一个神志清醒的人如果要求结束其生命，那么倒可以采取这种做法。"奥齐在注意到岳父表示同意时，才稍稍松了一口气。

他在上司面前也谈到自己赞成无痛致死法，却遭到强烈的训斥："你怎么能这样说呢？这难道不是对上帝的亵渎吗？"奥齐实在承受不了这种责备，便马上改变了自己的立场："……我刚才的意思只不过是说，只有在极为特殊的情况下，如果经正式确认绝症患者在法律上已经死亡，那才可以停掉他的输氧管。"最后，奥齐的上司终于点头同意了他的看法，他又一次摆脱了困境。

当他与哥哥谈起自己对无痛致死的看法时，哥哥马上表示同意，这使他长长地出了一口气。他在社会交往中为了博得他人的欢心，甚至不惜时时改变自己的立场和观点。就个人思维而言，奥齐这个人是不存在的，所存在的仅仅是他做出的一些偶然性反应；这些反应不仅决定着奥齐的感情，还决定着他的思维和言语。总之，别人希望奥齐怎么样，他就会怎么样。

现实生活中，这样的人和事也不少。

有一个秘书，领导让他看一篇报告写得如何。他看过后来汇报，说："我认为写得还不错。"领导摇了摇头。秘书赶快说："不过，也有一些问题。"领导又摇摇头。秘书说："问题也不算大。"领导又摇摇头。秘书说："问题主要是写得不太好，表述不清楚。"领导又摇摇头。秘书说："这些问题改改就会更好了。"领导还是摇头。秘书说："我建议打回这个报告。"这时领导说："这件新衬衣的领子真不舒服。"

一旦寻求赞许成为一种需要，做到实事求是几乎就不可能了。如果你感到非要受到夸奖不行，并常常做出这种表示，那就没人会与你坦诚相见。同样，你不能明确地阐述自己在生活中的思想与感觉，你就会为迎合他人的观点与喜好而放弃你的自我价值。

人在社会交往中必然遇到反对意见，这是一种不可避免的现象。所以要消除你希望被赞许的心理，这样才能让你在社会交往中如鱼得水。

力不从心时要大胆说"不"

在日常生活中，很多人都有这样的遭遇：有些时候，我们面对别人的要求感到力不从心想拒绝的时候，即使心里很不乐意帮对方做那些事，但是碍于一时的情面也勉强点头答应。虽避免了一时的烦恼，之后却给自己留下长久的不快。

"盛年不重来，一日难再晨。"人生的短暂，超乎你的想象。要想在短暂的一生中过得开心、快乐、满足，我们必须懂得熟练应用一些生活技术，除了像洗衣、做饭、工作这些基本技能以外，学会如何拒绝也是一门必要的学问。掌握了拒绝的技巧，你就会给自己的生活减少很多不必要的麻烦，相较于那些不会拒绝的人来说，你会使自己过得更快乐、安稳。所以，学会拒绝的技巧对我们的生活至关重要，不仅有利于提高我们的工作效率，更能提高我们的生活质量。

班超是东汉时期著名的军事家和外交家。在汉明帝时期，他曾被派遣出使西域。班超在西域前后生活了 30 年，为平定西域，促进民族融合做出了巨大贡献。

当时，在西域已经住了 27 年的班超，年近 70 岁，加上身体越来越差，对自己的职务感到力不从心，很想回家休养。于是写了封信，叫他的儿子寄回汉朝，请和帝把他调回去，可是班超一直没有收到答复。所以，他的妹妹班昭也上书汉和帝，请求把哥哥调回玉门关以内。

班昭的奏折中这样说道："班超在和他一起去西域的人当中，年龄最大，现在已经过了花甲之年，体弱多病，头发斑白，两手不太灵活，耳朵也听不清楚，眼睛不再像以前明亮，要挂着手杖才能走路。如果有突然的暴乱发生，恐怕班超也不能顺着心里的意愿替国家卖力。这样一来，对上会损害国家治理边疆的成果，对下会破坏忠臣好不容易立下的功劳，这多么让人痛心啊！"

被感动的汉和帝把班超从西域召了回来，让他在洛阳安度晚年。班超回来后，由于旧病复发，不久就去世了，享年 71 岁。试想如果班超不是在自己力不从心的时候，大胆向当权的最高统治者说"不"，那么等待他的就必然是客死他乡的结局。

很多人不敢拒绝对方，都是因为感到不好意思。因为自己的不敢据实言明，致使对方摸不清自己的意思，而产生许多不必要的误会。如果你语言模糊地说"这件事似乎很难做得到吧"，别人就很难听出你话语中拒绝的含义，自然依照自己的意愿来理解你的"言外之意"——同意。你答应别人的事情，如果没有做好，最终会落得失信于人的下场。

其实拒绝是一件很正常的事，因为别人的很多要求如果我们照着去履行，就会给自己带来不必要的麻烦。这个时候告诉别人你的难处，这不是在诉苦，而是在陈述事实。如果事情合情合理，说出来才是正确的，如果不说，别人才不会理解呢。

直截了当地告诉对方你不能完成委托的现实原因，明白无误地陈述一些客观情况，包括真实状况不允许、自己的能力有限、社会条件限制等。一般来说，列举的这些状况必须是对方也能认同、理解的。只有这样，对方才较能理解你的苦衷，自然会自动放弃说服你，不把你的拒绝当成无道理的推脱。

有人喜欢你直截了当地告诉他拒绝的理由，有人则需要以含蓄委婉的方法拒绝，各有不同。如果我们面对的是不好正面拒绝的情况，我们就不要继续采取直接拒绝法，而是采取迂回、转移的方法来解决问题。

当对方提出要求时，你暂不给予对方答复，也就是说，当面对力不从心的要求时，虽然你没有当面拒绝，但是你也迟迟没有答应，只是一再表示要研究研究或考虑考虑，那么聪明人马上就能了解你是不太愿意答应的，自然而然危机就解除了。

面对对方那些力不从心，我们又不方便直接拒绝的请求，我们在转移话题、陈述各种理由的时候，要注意语气，不要撕破脸。举个现实中的例子，朋友小张因为结婚要向你借钱，但是你最近经济也很紧张，这种情况你直接拒绝的话，会显得过于冷漠。你可以先向对方表示祝贺，继而给予赞美，并对他所面临的情况深表同情，然后再提出理由，加以拒绝。由于先前对方在心理上已因为你的祝贺、理解和同情使两个人的距离拉近，所以对于你的拒绝也较能以"可以理解"的态度接受。

总而言之，面对生活中的种种问题，你都要大胆地说出"不"字，尽管这不是一件容易的事，但是在你的日常生活中相当重要。

其实，有能力帮助他人不是一件坏事，当别人拜托你的时候，表示他对你很信任，只是你由于某些理由无法相助罢了。但无论如何，别急着拒绝对方，仔细听完对方的要求，如果真的没法帮忙，也别忘了说声"非常抱歉"。

"不好意思"是一种失败的心理习惯

不好意思常常与内向、羞怯和拘谨等词联系在一起，当这些带有消极意味的词语积聚在一起的时候，不好意思的心理就开始发挥作用了。归根到底，不好意思的心理是一种失败的心理状态。若长期被这种心理主导，我们的人生则会处于失败的边缘。

不好意思的心理体现如下：

自己本身能力有限，不能做到别人拜托的事，但又不好意思去拒绝。这个时候，你常常会告诉自己：有人求是好事，说明自己还有用；你也会告诉自己，这件事做完肯定不会有下回了。但是实际上呢？有这一次就一定有下一次。

我们来仔细分析这种心理。

一方面，求你的人往往会抓住你的这种性格弱点，你不懂得拒绝，因而麻烦事一定会越来越多。另一方面，不好意思这种心理暗示，会在你每一次放弃拒绝，选择屈从的时候都得到一次强化，从而形成一种心理惯性，久而久之，让你不知拒绝为何物。所以这其实是一个循环而成的坏习惯。

打个比方，不好意思、不懂拒绝这种心理好比穿草坪，你每一次放弃拒绝，就是在这片草坪上走了一次。久而久之，在草坪上踏下的印迹就越来越明显，强化到了你每次都会跟随着印迹去决策的地步。但是，要知道，很多次之后，草坪中间就会由于你的踩踏而形成一条路。用现代经济学的话语来解释，就是"路径依赖"。

在草坪上没有出现这么一条小路的时候，你可能还会想到其他处理方式，比如思考这个请求自己能否承受，从而理性地衡量，选择拒绝还是屈从。

在屡次不好意思之后，除了默默接受，几乎想不到别的办法，这就是一种心理上的路径依赖。不好意思就这样成为一种心理习惯。这种路径依赖让你的拒绝神经麻木不仁，让你在听到别人请求之时，越发没法开口拒绝。

起初，你不懂得拒绝，或许是因为顾及面子，或者缺乏交际手腕，不知道怎么拒绝。但在形成一定心理习惯之后，几乎就像条件反射似的接受了。你唯一能想到的就是抱怨，一方面因为不好意思只能应承下来，另一方面则在心里暗暗地诅咒给你带来烦恼的人。长此以往，你会觉得自己的人格出现了一定的分裂，一种内在的人格与表面展现的形象发生分立，表面形象或许是光鲜的、客气的、大方的，但内在人格已经变得阴暗不堪。从这个角度看，不好意思甚至是虚伪产生的原因之一。

第二章

善良也要有点锋芒

正直不是一味愚憨

做人固然要正直，但是如果一味愚憨，不分对象，则一定会失败。面对品行不端之人，或与品行不端之人打交道，就要灵活应对，不该善良软弱的时候就要先出招制服对方。

东晋明帝时，中书令温峤备受明帝的信赖，大将军王敦对此非常忌妒。王敦于是请明帝任温峤为左司马，归王敦所管，准备等待时机除掉他。

温峤为人机智，洞悉王敦所为，便假装殷勤恭敬，协助王敦处理府事，并时常在王敦面前献计，使他对自己产生好感。

除此之外，温峤有意识地结交王敦唯一的亲信钱凤，并经常对钱凤说："钱凤先生才华、能力过人，经纶满腹，当世无双。"

因为温峤在当时一向被人认为有识才看相的本事，因而钱凤听了这赞扬心里十分受用，和温峤的交情日渐加深，同时常常在王敦面前说温峤的好话。慢慢地，王敦对温峤的戒心渐渐消除，甚至引其为心腹。

不久，丹阳尹辞官，这一职位空缺，温峤便对王敦进言："丹阳之地，对京都犹如人之咽喉，必须有才识相当的人去担任才行，如果所用非人，恐怕难以胜任，请你三思而行。"

王敦深以为然，就请他谈自己的意见。温峤诚恳答道："我认为没有人能比钱凤先生更合适了。"

王敦又以同样的问题问钱凤。因为温峤推荐了钱凤，碍于情理，钱凤便说："我看还是派温峤去最适合。"

这正是温峤暗中打的主意，果然如愿。王敦便推荐温峤任丹阳尹，并派他就近暗察朝廷中的动静，随时报告。

温峤接到派令后，马上就做了一个小动作。原来他担心自己一旦离开，钱凤会立刻在王敦面前进谗言而再召回自己，便在王敦为他饯别的宴会上假装喝醉了酒，歪歪倒倒地向在座同僚敬酒。敬到钱凤时，钱凤未及起身，温峤便以笏（朝板）击钱凤束发的巾坠，不高兴地说："你钱凤算什么东西，我好意敬酒你却敢不饮。"

钱凤没料到温峤一向和自己亲密，竟会突然当众羞辱自己，一时间神色愕然，说不出话来。王敦见状，忙出来打圆场，哈哈笑道："太真醉了，太真醉了。"

钱凤见温峤醉态可掬的样子，又听了王敦的话，也没法发作，只得咽下这口恶气。

温峤临行前，又向王敦告别，苦苦推辞，不愿去赴任，王敦不许。温峤出门后又转回去，痛哭流涕，表示舍不得离开大将军，请他任命别人。

王敦大为感动，只得好言劝慰，并且请温峤勉为其难。温峤出去后，又一次返回，还是不愿上路。王敦没办法，只好亲自把他送出门，看着他上车离去。

钱凤受了温峤一顿羞辱，头脑倒清醒过来，对王敦说："温峤素来和朝廷亲密，又和庾亮有很深的交情，怎会突然转向，其中一定有诈，还是把他追回来，另换别人出任丹阳尹吧。"王敦已被温峤彻底感动了，根本听不进钱凤的话，不高兴地说："你这人气量也太窄了，太真昨天喝醉了酒，得罪了你，你怎么今天就进谗言加害他？"

钱凤也不敢深劝。

温峤安全返回京师后，便把在大将军府中获悉的王敦反叛的计划告诉朝廷，并和庾亮共同谋划讨伐王敦的计策。

王敦这才知道上了温峤的大当，气得暴跳如雷："我居然被这小子给骗了。"

然而，王敦已经鞭长莫及，更无法挽救失败的命运了。

在面对坏人时一定要采取灵活的方法应对。温峤在处理王敦、钱凤等人的关系时，运用一些技巧，不但保护了自己，而且在时机成熟时主动出击，取得了胜利。

正直不是愚憨，正直的人也不排斥谋略，甚至可以以其人之道还治其人之身。

善良过了底线，也是一种"罪"

春秋时，齐桓公死后，宋襄公不自量力，想接替齐桓公当霸主，但是，遭到了其他各诸侯国的反对。宋襄公发现郑国最支持楚国做盟主，便想找机会征伐郑国出口气。

周襄王十四年，宋襄公亲自带兵去征伐郑国。

楚成王发兵去救郑国，但他不直接去救郑国，率领大队人马直奔宋国。宋襄公慌了手脚，只得带领宋军连夜往回赶。等宋军在涨水扎好了营盘，楚国兵马也到了对岸。公孙固劝宋襄公说："楚兵到这里来，不过是为了援救郑国。咱们从郑国撤回了军队，楚国的目的也就达到了。咱们力量小，不如和楚国讲和算了。"

宋襄公说："楚国虽说兵强马壮，可是他们缺乏仁义；咱们虽说兵力不足，可是举的是仁义大旗。他们的不义之兵，怎么打得过咱们这仁义之师呢？"宋襄公还下令做了一面大旗，绣上"仁义"二字。天亮以后，楚国开始过河了。公孙固对宋襄公说："楚国人白天渡河，这明明是瞧不起咱们。咱们趁他们渡到一半时，迎头打过去，一定会胜利。"宋襄公还没等公孙固说完，便指着头上飘扬的大旗说："人家过河还没过完，咱们就打人家，这还算什么'仁义'之师呢？"

楚兵全部渡了河，在岸上布起阵来。公孙固见楚兵还没整顿好队伍，赶忙又对宋襄公说："楚军还没布好阵势，咱们抓住这个机会，赶快发起冲锋，还可以取胜。"

宋襄公瞪着眼睛大骂道："人家还没布好阵就去攻打，这算仁义吗？"

正说着，楚军已经排好队伍，洪水般地冲了过来。宋国的士兵吓破了胆，一个个扭头就跑。宋襄公手提长矛，想要攻打过去，可还没来得及往前冲，就被楚兵团团围住，大腿上中了一箭，身上也好几处受了伤。多亏了宋国的几员大将奋力冲杀，才把他救出来。等他逃出战场，兵车已经损失十之八九，再看那面"仁义"大旗，早已无影无踪。老百姓见此惨状，对宋襄公骂不停口。

可宋襄公还觉得他的"仁义"取胜了。公孙固搀扶着他，他一瘸一拐地边走边说："讲仁义的军队就得以德服人。人家受伤了，就不能再去伤害他；头发花白的老兵，就不能去抓他。我以仁义打仗，怎么能乘人危难的时候去攻打人家呢？"

那些跟着逃跑的将士听了宋襄公的话，只得叹气。

确实，善良过了底线也是一种"罪"，过度的不分场合的"善良"，有时会演变成悲剧。有这样一则寓言：

一匹狼跑到牧羊人的农场，想偷一只羊。牧羊人的猎犬追了过来，这只猎犬非常高大凶猛，狼见打不过又跑不掉，便趴在地上流着眼泪苦苦哀求，发誓它再也不会来打这些羊的主意。猎犬听了它的话，又看它流了泪，非常不忍，便放了这匹狼。想不到这匹狼在猎犬回转身的时候，纵身咬住了猎犬的脖子。临死之际，猎犬伤心地说："我本不应该被狼的话感动的！"

因此，在不该仁义的时候就要坚持原则和遵从事物发展的规律，切不可因己之"仁"伤害了更多无辜之人甚至丢掉自己的性命。

以直报怨

有一天，著名经济学家茅于轼陪一位外宾去北京西郊戒台寺游览。他们叫了一辆出租车，来回90多千米，加上停车等待约两个小时，总计价 245 元。但茅先生发现司机没有按来回计价。按当时北京市的规定，出租车行驶超过 15 千米之后每千米从 1.6 元加价到 2.4 元。其理由是假定出租车已驶离市区，回程是空车。但对于来回行驶，且不会发生空驶，全程应按每千米 1.6 元计价。显然，出租车司机多收费了。

此时，茅先生有两种选择：一是以眼还眼，以牙还牙，拒绝付款，甚至去举报司机的违规行为，让司机被处以停驶一段时间的处罚；二是以德报怨，不但付钱还给司机小费，以期能够感化司机。但是茅于轼先生做出了第三种选择，就是仍按规定付款，但告诉他，他已犯了规，让他以后改正。

从上面这个反映现实人际关系的小故事中，我们可以发现，当受到不公正的对待时，我们要学会以直报怨。

对恶行的惩罚、对恶人的威慑与对善行的奖励同样重要，甚至更为重要。世界各国都有详细缜密的法律规范本国人民的行为，作为个人，也要通过勇敢维护自己的权利，来回击恶意的侵犯，这样做不仅是为了自己，更是为了整个社会。

宽容固然可以避免不必要的争斗，但过度宽容就是软弱，它不仅无益，反而有害。只有以直报怨，才是正确之道。

你那么好说话，无非是没原则

今天，仿佛所有的事情都堆到了一块儿！除了日常事项，再加上一些突发事情，工作都撞在了一起，让林丽感到喘不过气来。

但是……"林丽，把这份文件送到市场部。"电话那头，经理有了最新指示。林丽送文件回来后还没来得及坐下，"林丽，赶紧帮我发个传真。"小张说。"还有，回来时顺便帮我带杯咖啡。"小田不失时机地说。

林丽皱了皱眉头，虽然嘴上没说什么，但是心里极不爽。作为新人，因刚来，工作还没上手，经常要麻烦同事帮忙，所以只要力所能及，林丽都乐意帮其他同事做事，希望能够更快地融入新的环境中。但是没有想到，不知从何时起，林丽竟成了"公仆"，同事们有什么事情都习惯差遣她，什么闲杂的工作都叫她去做：这个叫她去复印，那个叫她送文件……

她感到很郁闷！当她端着小田要的咖啡走进办公室时，刚好撞见了经理。经理看了看她，一脸的不快，皱着眉头说："小林，你怎么老是进进出出啊？"林丽哑巴吃黄连，有苦说不出。而小田他们只是抬头看了她一眼，马上低头做忙得不亦乐乎状！当同事们在忙自己的工作时，林丽却放下手头的工作，忙着给他们发传真、端咖啡、送文件！当同事们得到经理表扬时，她却挨经理的批评！林丽越想越气，感觉眼泪都要流下来了。

遇到这样的情况，你是不是很冤枉？为了满足别人的需求，你花费了那么多的时间和精力，换来的却是这样的结果。你不禁委屈道：真不公平啊，我这样对他们，竟换不来他们的感激，反而被他们轻视。当你偶尔帮助别人做一些事务性工作，并一再强调自己分身乏术时，别人会觉得你对他的帮助非常难得，因此感激你；而当你经常性地主动帮助别人时，别人习以为常后会产生错觉：这是你"应该做的"。

你的工作量不停增加，这还都只是小事，只是你辛苦点罢了，最重要的是如果在帮助别人之前没有搞清楚事情的来龙去脉，很可能背黑锅，犯错误都说不定。

要想打破这种局面，就要敢于说"不"。你不敢说"不"，不敢拒绝的原因，是因为你太在乎对方的反应，你在担心他（她）因为你的拒绝而愤怒。但事实上，你才是那个感到愤怒和不安的人，因为你违心地答应了别人的要求。要拒绝别人，又不想让他觉得你冷漠无情、自私自利，下面有几种方法，能帮助你找到合适的说辞，大大方方地说"不"。

1."不，但是……"

你的新同事在工作忙得不可开交的时候，想请一天假。你可以说："我想可能不行，但是如果你能在请假的前几天里，用休息时间多做一些工作，我认为你请假会比较恰当。"你拒绝了对方的请求，但你同时找到了改变自己决定的可能性，即如果对方能按你的要求去做，你会同意他（她）的请求。

2.提出诚恳的建议

一个刚失业的朋友正在找工作，他听说你所在的公司正在招聘，跃跃欲试。你发现他并不是那份工作的合适人选，他却说："你能向上级推荐我吗？"你可以说："我觉得那份工作并不适合你，你是一个很有创意的人，但我们公司正在寻找一个数学方面的人才。"你的朋友需要的是诚恳的建议，如果那份工作真的不适合他，你是在帮助他节省时间。

3. 欲抑先扬

一个关系较好的同事想升迁，在洗手间里她问你："你现在一个月挣多少钱？"你可以说："我觉得这次你会成功晋升的，因为你确实很有能力，但关于我的薪水，无可奉告。"先强调你想肯定的那个部分，那么说起"不"来，会容易得多。在这种情况下，对方往往不会再和你争论她所关心的这个不相干的话题。

4. 话题引导

你的同事常拖家带口地在你家借宿，而她却从来不邀请你去她家。你可以说："我们都很喜欢你的宝贝女儿，但今晚不太方便，而且我觉得孩子们对我家已经没什么新鲜感了，要不哪天我带着孩子去你们家小住？"在拒绝的时候，你把话题引到了真正的原因上，也就是说，你在积极地解决问题。如果你一味地"好说话"，一旦表现出自己不顺从、有主见的一面，同事就会感到别扭，也不利于你的人际关系。因此，开始的时候就要表明这种意识，一定表现出自己的独立性和原则性，这样才能省去不必要的麻烦，又能赢得好人缘。

第三章

亮出你的铜墙铁壁，
别让诡计有可乘之机

要慧眼识"诈"

俗话说"兵不厌诈",是指作战时尽可能地用假象迷惑敌人以取得胜利。在现实生活中,不但要懂得"诈",更要慧眼识"诈",讨厌诡诈而本本分分行事,固然是君子本色,然而不识诡诈陷入别人的奸谋中,也是要被世人耻笑的。

和士开是北齐世祖高湛的宠臣,他为人奸佞狡诈,引导高湛日日纵酒淫乐,不理国事。和士开自己得以从中揽权纳贿,结党营私。他又和皇后胡氏私通,举国皆知,高湛却不以为意,对他宠信如故。

高湛死后,幼主即位,已成太后的胡氏临朝执政。久已不满和士开专权乱政、秽乱宫廷的亲王重臣集体发难,要求把和士开逐出朝廷,贬到外省为官。

胡太后不听,亲王大臣们也坚持不退,双方各不相让。第二天,亲王大臣们又到朝中要求太后贬逐和士开,态度更为坚决。

胡太后无奈,只好任命和士开为兖州刺史,等葬完齐世祖高湛后就让他去上任。

亲王大臣们一等丧事完毕,就督促和士开上路。胡太后舍不得和士开离去,要留他等过了百日再走,亲王大臣们坚决不允许,胡太后只得命和士开上路。

和士开知道一离开朝廷就永无回头之日了，说不定半路上这些人就逼着太后下诏处死自己，一时间忧惧万分。他想了一夜终于有了办法。

和士开用车拉着四名美女和一副珍珠帘子去拜访娄定远。这娄定远也是极力主张驱逐和士开的大臣之一。

和士开见到娄定远，故意装出诚惶诚恐的样子，流泪说："诸位权贵要杀士开，全靠大王保护之力，保全了我的性命，还任命为一州刺史。如今向您辞行，送上四名美女子、一副珠帘，聊表谢意。"

娄定远没想到无功却受禄，见到绝色美女和珍珠帘子，更是喜出望外，问和士开："你还想还朝吗？"

和士开说："我在朝内太不安全，如今能出外任职，实在是遂了心愿，不想再回朝中了，只请求大王保护士开，长久担任兖州刺史就心满意足了。"

娄定远以为和士开贿赂自己只是求自己保护他，便信了他的鬼话，满口答应。

和士开告辞，娄定远送他到门口，和士开说："我如今要到远方去了，希望能有机会觐见太后和皇上。"

娄定远知道和士开与太后的奸情，也没往深处想，以为和士开不过是想和太后叙叙旧情而已，也答应了下来。

在娄定远的安排下，和士开得以见到胡太后和齐后主。

和士开痛哭流涕地说："在群臣之中，先帝待臣最为恩厚。先帝忽然驾崩，臣惭愧不能追随先帝于地下。如今看朝中权贵的意思，并不只是要害臣，而是要剪除陛下的羽翼，然后行废立大事。臣远行之后，朝中必有大的变故，倘若太后和陛下有所不测，臣有什么面目见先帝于地下！"

胡太后、齐后主被他这一番危言吓得魂不附体，失声痛哭，胡太后便问和士开应当怎样对付。

和士开爬起身，掸掸衣服，笑道："臣在外固然没办法，如今臣已在宫中，需要的不过是几行诏书而已。"

胡太后、齐后主视他为救星，一切任他所为，和士开便草拟诏书，把娄定远贬为青州刺史，其他大臣也都贬逐得远远的，对亲王则下旨严词谴责。

亲王大臣们见和士开已和太后、皇上打成一片，知道大势已去，只有怅然喟叹而已。

一直带头坚持贬逐和士开的太尉、赵郡王高睿心有不甘，再次进宫找太后理论，被胡太后命卫士在宫中永巷内打杀。

娄定远此时才知上了和士开的当，只好把和士开送他的四名美女和珠帘都还给和士开，又把家里的珍宝拿出来贿赂他，这才免除后祸，真是"赔了夫人又折兵"。

其实权力和富贵都是双刃剑，控制得宜便身享荣华，控制不当便大祸立至，先前所拥有和享受的，也正是转头来毁掉自己的。但如果一开始能识破他人的权谋诡计，早日提防，便不会招致如此悲惨的结局。

警惕反常的举动

不合理的批评往往是掩饰了的赞美。只有一事无成的小人物，才不会引起别人的注意，更不会遭到严厉的批评。别人的恶意批评意味着你已经有所成就，而且值得别人注意了，因为"没有人会踢一只死狗"。

1929 年，美国发生了一件震动全国教育界的大事，美国各地的学者都赶到芝加哥去看热闹。在几年前，有个名叫罗勃·郝金斯的年轻人，凭借半工半读从耶鲁大学毕业，当过作家、伐木工人、家庭教师和卖成衣的售货员。现在，只经过了 8 年，他就被任命为芝加哥大学的校长。他有多大？ 30 岁！真叫人难以相信。老一辈的教育人士都大摇其头，人们对他的批评就像山崩落石一样一齐打在这位"神童"的头上，说他这样，说他那样——太年轻了，经验不够，教育观念很不成熟，甚至各大报纸也参加了攻击。

在罗勃·郝金斯就任的那一天，有一个朋友对他的父亲说："今天早上我看见报上的社论攻击你的儿子，真把我吓坏了。"

"不错，"郝金斯的父亲回答说，"话说得很凶。可是请记住，从来没有人会踢一只死狗。"

不错，这只狗愈重要，踢它的人愈能够感到满足。后来成为英王爱德华八世的温莎王子（即温莎公爵），他的屁股也被人狠狠地踢过。当时他在达特莫斯学院读书——这个学校相当于美国安那波里市的海军军官学校。温莎王子那时候才 14 岁，有一天，一位海军军官发现他在哭，就问他发生了什么事情。他起先不肯说，可是最后终于说了真话：他被学校的学生踢了。指挥官把所有的学生召集起来，向他们解释王子并没有告状，可是他想晓得为什么这些人要这样虐待温莎王子。

大家推诿、拖延、支吾了半天之后，终于承认：等他们自己将来成了皇家海军的指挥官或舰长的时候，他们希望能够告诉人家，自己曾经踢过国王的屁股。

哲学家叔本华说过："小人常为伟人的缺点或过失而得意。"总有那么一些人，以讥讽、打击比自己优秀、比自己优越的人为荣，从中得到片刻的心理满足，实际上也是一种虚荣心在作怪。没有任何人喜欢别人的批评，但绝对不可能不受批评。我们不能阻止别人对自己做任何不公正的批评，但我们可以做我们自己：不管别人怎么说，只要自己知道自己是对的就可以了。

从父亲镇定自若的言行中，我们可以知道郝金斯的成就。一个如此明智的父亲教出来的孩子能是糊涂的吗？父亲了解郝金斯，他明白所有对儿子的攻击都是不公正的，但他不去争辩，清者自清，浊者自浊，是儿子的出众才引来非议，他为儿子感到自豪。同样，温莎王子并没有做错什么，同学们不过是为了以后的虚荣才踢他屁股。

只要你超群脱俗，就一定会受批评。不要恼怒于别人的言语冒犯或恶意批评，这意味着你已经有所成就，别人只不过想通过指责你来得到满足感。收起你遮挡批评的伞吧，让批评的雨水从你的身上流下去，而不是滴在你脖子里。也许，但丁的那句名言最能代表明智的做法："走自己的路，让别人去说吧！"

没有免费的午餐

世上没有免费的午餐，也没有白来的利益。任何抱着不劳而获、侥幸心理的人，都会被空幻的利益牵着鼻子走，最终陷入别人挖好的陷阱。

古时有个读书人叫张生，博学、口才极好，本来是可以有所作为的，但他很爱占小便宜，被一个骗子骗去了一大笔银子。张生自然又气又恨，想到各地去漫游，希望能抓住那个骗子。事有凑巧，忽然有一天，他在苏州的阊门碰上了那个骗子。不等他开口，骗子就盛情邀请他去饮酒，并且诚恳地向他道歉，说是上次很对不起，请他原谅。过了几天，骗子又跟张生商量说："我们这种人，银子一到手，马上就都花了，当然也没有钱还给你。不过我有个办法，我最近一直在冒充三清观的炼丹道士。东山有一个大富户，和我已经说好了，等我的老师一来，就主持炼丹之事，可我的老师一时半会儿又来不了。你要是肯屈尊，权且当一回我的老师，从那富户身上取来银子，我们对半分，作为我对你的赔偿，而且能让你多赚一笔，怎么样？"张生听说有好处，就答应了那个骗子的要求。于是这个骗子就让张生伪装成道士，自己伪装成学生，用对待老师的礼节对待张生。那个大户与扮成道士的张生交谈之后，深为信服。两个人每天只管交谈，而把炼丹的事交给了骗子。大户觉得既然有师父在，徒弟还能跑了？不想，那个骗子看时机成熟，就携大户的银子跑了。于是大户抓住"老师"不放，要到官府去告他。倒霉的张生大哭，然而等待着他的是一场牢狱之灾。

张生是那种一有好处便昏了头脑的人，甚至连多考虑一下也等不及，便答应了骗子的要求，竟然为了一点钱财与骗子一起干起行骗的勾当。他没有想到，骗子许下的承诺根本不可能兑现。

抱着侥幸心理，企盼拥有免费的午餐，就会像张生一样被人利用，无法脱身。

我们应该在诱人的利益面前，低声问问自己："这种好事怎么会落在我头上？"多一分小心谨慎，才能少一些危险和磨难。

凡事有利必有害，而"免费的午餐"背后更可能隐藏着大害。自古至今，只有能明是非、辨利害的人，才能不身受其害。

小心"热心"帮助你的人，避免他乘人之危

通常情况下，我们有一些自己不能办的事会主动请求别人帮忙。但有的时候恰恰相反，一些人会主动向你伸出援助之手，即使你根本就不需要帮忙。当遇到这种"热心人"时，一定要加倍小心，所谓"防人之心不可无"。

一个傍晚，王大妈正在散步。街上灯火辉煌，王大妈一边欣赏夜景一边往前走。正当大妈兴致勃勃的时候，一个年轻人突然从旁边走了过来，热心地搀扶着她边走边说："大妈，瞧您这么大年纪，

还是走人行道安全，小心车把您给撞了。"面对如此热心的年轻人，王大妈心中一阵感激，连声说："谢谢！"很快，年轻人就消失了。这时，王大妈忽然觉得有点蹊跷，她心想自己身子还算硬朗，而且走的路并不是危险地带，这个年轻人却主动将她扶上人行道，心会这么好？她下意识地摸摸口袋，才发现200多元钱不翼而飞。王大妈这时才恍然大悟，刚才那个"热心人"已经在扶她的过程中将她口袋里的钱掏走了。

王大妈就是因为没有防备这个年轻人，才使自己的200多元钱被偷。相比起王大妈的这次遭遇，李小姐的遭遇就更值得警惕了。

那一天，李小姐在自动取款机前取钱，有一男子紧跟其后。李小姐由于对取款机的使用不是很熟练，连着输入了两次密码都没能取得现金。那位男子装作非常"热心"，走上前把李小姐的卡退出来，拿到旁边的自动取款机上试了半天，也没有取出钱来，便说可能是自动取款机坏了，转身将银行卡还给了李小姐。李小姐第二天再到银行查询时，账上的5000元钱早已没有了。后来那位男子被公安机关抓获。其实那个骗子的手法很简单，他早就等在自动取款机附近，看到有人用自动取款机取钱时操作不熟练，就走上前去假意帮忙。在拿过取款人的银行卡时，便以熟练的手法偷梁换柱，用自己手中一张没有钱的空卡插入取款机。在取款人输入密码后，由于他已经换卡，当然密码不符，取款人不得不再输一次密码。此时骗子已经把密码看在眼里，他悄悄把密码记下来，然后帮取款人取出银行卡，还"好心"地提醒取款人，可能密码记错了，今天不要再取钱了，免得卡被机器"吃"了。取款人离去后，骗子便马上把取款人卡上的现金全部取走，而后再用空卡去骗下一个受害人。

在这个复杂的社会中，当你面临困难，别人主动伸出热情之手时，你或许会因为一时的感激涕零而失去防范之心。这样，一些别有用心的人就会乘虚而入，在假意给你提供帮助的时候顺手窃取财物。

所以，我们在接受别人的热情帮助时，切不可掉以轻心，让他人有机可乘。信任别人本是无可厚非的，不防人却是大错特错。该信任的时候还是要信任，同时要做好防范的准备，以避免出现问题时悔之晚矣。

越是"美丽"的东西越要防范

越是美丽的东西越能让人疏于防范，其实看似鲜艳美丽的东西往往是最危险的，就像玫瑰一样，鲜艳玫瑰刺更多；就像毒蘑菇一样，越是色彩艳丽越是有毒。当你被它美丽的外表所迷惑时，它早已在暗中为你准备好了尖刺和毒素。

在生活中我们看待事物也一定要记住这点，别人的称赞和讨好越是美妙动听，其后掩藏的蓄谋就越不可告人，越对你有杀伤力。此时你稍有不慎，就会得意忘忧，为之蒙蔽，后果不堪设想。

春秋时期，晋国大夫伯宗，有一天上完早朝之后，踩着轻快的脚步，一路上哼着歌回到家里。他老婆眼看丈夫喜形于色，便问他说："什么事让你心情这么好？"

伯宗说："今天我在朝上发表了一些议论，结果博得满堂彩，大家都称赞我的智慧与谋略不在前朝太傅阳处父之下。"

妻子听完后，脸色一沉说："唉，阳处父这个人虚有其表，就靠一张嘴，学问不怎样，却喜欢求表现，难怪后来被刺杀。我不明白，人家说你像他，有什么值得高兴的呢？"

被自己老婆浇了一盆冷水的伯宗，当然不承认自己虚有其表，就又急着补充当时被称赞时的详细情形，而且说得口沫横飞，生怕漏掉任何一个足以证明自己光彩的细节。

他老婆听得有些不耐烦了，就干脆直接对他说："朝臣之间各怀鬼胎，因此，你不要对别人的称赞太过认真。何况，现在的朝政乱糟糟的，老百姓的不满已经积蓄很久了，你出了那么多馊主意，一定会惹祸上身。依我看，现在最要紧的事，莫过于为咱们家儿子安排好必要的侍卫，以保障他的生命安全。"

后来，伯宗果然在政界斗争中被其他大臣围攻，儿子则在卫士毕阳的护卫之下逃到楚国避难。

喜爱美丽、向往浮华是人的本性，好听赞美、喜闻荣耀也是人普遍的喜好。但人在鲜艳夺目、外表美丽的事物面前，很容易被迷惑住，因而丧失防备之心，一旦它露出暗藏的毒刺，那么人注定要被伤害。因此，在任何时候都要保持警惕之心。

所以，我们在生活中要时刻保持清醒的头脑，不要被美妙的假象迷了眼。

用理智避开机遇中的陷阱

商场，表面上看风平浪静，实际上，暗中波涛汹涌。我们会面临很多诱惑，在极度膨胀中，飘飘然起来，失去理智，丧失分析问题的理性和谨慎，在盲目中跌入别人设的陷阱中。

我们经验不足，履历单薄，难免在创业道路上摔跟头。跌倒是难免的，但是避免跌倒也是可能的。面对一些我们不曾遇到的困难，不能确定的东西，千万不要想当然地在自信中贸然草率下定论。因为机会和陷阱只是一念之差，前途却大不一样。草率只会让自己轻易地跌进别人早就布置好的陷阱中。

李耀祖，是一位技术天才。他凭借自己的技术、智慧和努力，创建了宏达软件公司，后又成为捷丰集团董事，是一个深受员工爱戴的老板。但就是这样一个阅人无数、久经沙场的"老江湖"却"一招失手满盘皆输"，如今已经是个一无所有的人。

20 世纪 90 年代，软件市场在国内是最有发展潜力的市场。当时，国内软件公司都把精力投入政府和国企市场这两块"肥肉"上，并未重视正在迅速发展的合资企业，而国外软件公司的产品价格又过于昂贵，便出现了一个市场缝隙。李耀祖敏锐的嗅觉很快嗅到了这一不可多得的好机会，机不可失，时不再来，他决定要抓住此良机，迅速填补这个市场空白。

李耀祖是一位印度华裔人士，早在 1990 年，就在新加坡创办了宏达集团，主做商用软件研发。1995 年，他到中国淘金时，发现了中国市场的潜力，决定在中国发展。于是他很快注册了厦门宏达商用软件有限公司，主做 ERP（企业资源计划系统）。但是公司规模不大，能力有限，李耀祖决定扩大规模，加快发展。

不久，李耀祖便找到了一家名为捷丰的上市公司，打算洽谈合作的问题。双方的收购合同中写道："捷丰集团以亿元人民币收购厦门宏达商用软件开发公司，李耀祖出任捷丰集团董事。收购方式为股权置换，厦门宏达商用软件开发公司以 100% 的股份置换捷丰集团价值亿元的人民币股份权……"

李耀祖心里隐隐觉得有点不对劲，却说不出来哪里不对。在急着想抢占这一市场空白的心理作用下，李耀祖既没有认真调查这家公司的背景和实际经营状况，也没有仔细思考和分析这一合作细节。面对疑惑却轻易相信对方的回答，犯了兵家之大忌。李耀祖问道："捷丰集团公司的业绩似乎有问题，为什么公司规模这么大，股价这么高，却一直没有赢利呢？"对方向他解释："这是资本市场，大家看的是你以后发展的'潜力'，股价跟赢利之间没有必然的关系。我们的合作准没错，赶快签合同吧。"

似乎也有道理。李耀祖没有细想，在急着进军中国市场、尽快开始软件开发计划的心理作用下，他大笔一挥，在合同上面签下了自己的大名。之后，双方交接得都很顺利。但是，令李耀祖意想不到的是，捷丰集团一直以来都是由一些黑势力所控制。在过去几年中，其股价呈现一种过山车似的起伏状态。然而，即使后来他知道这些也迟了。

宏达公司的销售账款一到，就被原捷丰派驻在宏达的财务总监即刻转走了。不到两个月，捷丰集团的股价也跌到了几分钱一股，成了地地道道的垃圾股。就这样，无论是宏达公司还是捷丰集团都成了空壳子。李耀祖原本看好的商机却变成了巨大的陷阱，使得他一无所有。

谁都想抓住现有的机会，一举成功。但是世上没有"天上掉馅饼"的好事，太过顺利的事情，千万不要轻易相信，因为隐藏在机会后面的很有可能就是陷阱。如果我们过于自信，变得自负，让"一定会成功"的心理定式左右我们的判断，混淆我们的视听，或者听不进不同的意见或反面意见，结果只会让自己在扬扬得意中掉进别人挖的"陷阱"里。

学会对朋友义气说"不"

卡耐基曾经说过："和别人相处要学的第一件事，就是对于他们寻求快乐的特别方式不要加以干涉，如果这些方式并没有强烈地妨碍我们的话。"

的确，朋友之间，难免相互帮忙，也正因为如此，我们之间的联系才会更紧密。但是，这种帮忙总是要在合理的道德范围内，如果朋友相托相求的事情常常超出原则范围和客观事实，甚至超过你的主观承受能力、违背你的主观意愿时，你不能因为所谓的"哥们义气"违心帮助他人，而是要斩钉截铁地拒绝。否则，不仅害了自己，还会连累亲人。

2011 年 11 月 30 日，安徽阜阳男子付某在瓯海区潘桥街道开了一家小商店，为了吸引人气，付某还特地购买了一张麻将机摆在商店里，供客人玩。因为刚开业，很多老乡、朋友都过来捧场，平时商店里也是热闹得很。老乡、朋友聚在一起玩麻将玩了一个多星期后，就利用付某的这张麻将机玩起了牌九。

付某知道在自己的店里赌博是违法的事情，就想上去制止，但一伙朋友、老乡都说赌得很小的，没关系的。付某看朋友、老乡都是过来给自己捧场的，也就不好意思继续开口阻止了。自从玩起了牌九后，赌注就止不住地从刚开始的一块钱迅速飙升到几十块钱。随后的几天里，来玩牌九的人越来越多，押注也越来越大，付某担心这样下去肯定会出事情。

但又碍于朋友面子，付某始终没能鼓起勇气跟这伙朋友、老乡说"不"，没有果断地去阻止他们。再加上每次庄家赢了钱后都会分些钱给付某，付某也就彻底"豁"出去了。随着来玩牌九的人数不断增多，付某的商店里也开始从原先的一天一场变成了后来的一天三场，上午、下午和晚上各一场，每天付某都能从庄家赢来的钱里分到数百元。

瓯海公安分局潘桥派出所获知付某的商店内有赌博行为后，对该窝点进行了围捕，现场抓获涉嫌赌博的违法人员二十多人，并予以治安处罚。而付某则因为涉嫌开设赌场罪，于当日被瓯海警方依法刑事拘留。付某就因为碍于朋友面子，不好意思跟朋友说"不"，将自己送入了班房。朋友之交在于"义气"，但讲"义气"也是有原则和前提的。

如果这"义气"是行侠仗义、弘扬正气,那这"义气"二字就坦荡荡。但如果被"义气"二字所利用,什么事都不好意思跟朋友说"不"字,搭上了违法犯罪的事情,那就讲的不是"义气",而是狼狈为奸了。

发现违法犯罪行为,应该敢于说"不",并向公安机关报警,因为大是大非的问题已经超过了我们的友谊。当然,如果是一般朋友向我们提出不合自己心意的要求,我们拒绝对方不是一件难事。但是,当关系很密切的好朋友向你提出过分的要求,而你又无法满足对方时,你就会感到左右为难,处在一个进退维谷的尴尬境地。这时候,你需要对"症"拒绝,情况不同,方法也就不同。

小雪和晓惠是多年的好朋友,大学毕业后,小雪在一家很有名的大企业人事部门就职,而晓惠一直没有找到称心如意的工作。这天,晓惠跟小雪聊天时,小雪说他们那儿现在正招人呢,而且待遇挺不错的。晓惠想去试试,让小雪跟人事总监说一下。基于两个人关系的要好程度,帮忙也在情理之中。

但是,小雪只是人事部的一般干部,实在是力不从心,于是便对晓惠如实说道:"我虽在人事部门工作,但人微言轻。加之现在的人事决定权也主要看任职部门主管的意见,我最大努力也就是能让你过来面试,其他的忙帮不上了。"

就像小雪一样,对于好朋友提出的请求、条件、愿望我们无法满足时,我们最好的做法是果断干脆地拒绝对方的要求,或告诉他自己最大能尽多大努力，千万不要直接答应，给对方太大希望，这样反而会让事情变得愈加复杂。当然，在你拒绝朋友的同时，一定要耐心、诚恳地向他解释清楚你所处的境地和要办成这件事所无法克服的困难，不要使对方心存幻想。

后来，晓惠在小雪的安排下去面试了，但由于专业不对口也没能去成。不过晓惠还是通过人才网找到了适合自己的工作。虽然小雪没能真正帮到她，但她深知小雪的苦衷，很能理解小雪，至今她们还保持着良好的友谊。在这里，小雪知道自己"能力"有限，便直接、爽快地告诉了晓惠，这既免去了一旦答应无法兑现的苦恼，也使朋友有机会另找出路。

试想，如果小雪不自量力地随便承诺晓惠，但结果出现事与愿违的情况时，晓惠就会觉得小雪根本无心帮自己忙，致使好朋友之间产生隔阂。拒绝朋友不要觉得面子上过不去，一味地犹豫和推诿，反而会带来不必要的麻烦。

做不到的事情干脆拒绝，当然拒绝也要讲究策略，不要态度生硬。在我们"拒绝"朋友的时候，陈述的依据一定不能是随意、敷衍的，那样的话朋友就会觉得你"关键时刻不帮忙"，对你产生抱怨和不信任之感。

我们可以耐心劝阻，言明利害关系，可以据实说明情况，使朋友了解你的难处，也可以迂回婉转处置，巧借其他方法帮助完成朋友委托之事。好朋友的交情不是一朝一夕所能建立的，它需要双方长期的理解、宽容、互助来共同维系，我们要珍惜它、爱护它。

　　而当朋友的请求严重违反原则或直接损害公众利益时，我们必须旗帜鲜明地拒绝。用一个否定词"不"，果断回绝，固然也能表明态度；但是，在特殊的场合，这样拒绝显然会弄僵氛围，远不如采用似是而非的话，避实就虚地答复效果理想。因为害怕失去与同学、朋友之间的良好关系，虽然表面上我们答应了他们的要求，可是实际上，在我们的内心会积累许多的怨气，而怨气的积累会让我们自己痛苦，带来很多负面的影响，使我们在人际交往中紧张、焦虑和恐惧。

　　真正的朋友是不会因为你拒绝了他而和你变得疏远的，你也可以通过这样的方式来看清一个人。而我们也要知道拒绝是一门艺术。学会拒绝，既可以保证自己的身心健康，又可以帮助自己加强同周围同学、朋友、亲人的团结。但是，学会拒绝不是要拒绝一切，人是社会性的，生活在这个社会中，大家要互相帮助。乐于助人是一种美德，它与学会拒绝并不矛盾，相信大家一定会处理好这些关系，掌握拒绝的艺术。

第四章

我的人生需要指点，

但拒绝指指点点

别太在意别人的眼光，那会抹杀你的光彩

在这个世界上，没有任何一个人可以让所有人都满意。跟着他人的眼光来去的人，会逐渐黯淡自己的光彩。

西莉亚自幼学习艺术体操，她身段匀称灵活。可是很不幸，一次意外事故导致她下肢严重受伤，一条腿留下后遗症，走路有一点跛。为此，她十分沮丧，甚至不敢走上街去。作为一种逃避，西莉亚搬到了约克郡乡下。

一天，小镇上的雷诺兹老师领着一个女孩来向西莉亚学跳苏格兰舞。在他们诚恳的请求下，西莉亚勉为其难地答应了。为了不让他们察觉自己残疾的腿，西莉亚特意提早坐在一把藤椅上。可那个女孩偏偏天生笨拙，连起码的乐感和节奏感都没有。当那个女孩再一次跳错时，西莉亚不由自主地站起来给她示范。西莉亚一转身，便敏感地看见那个女孩正盯着自己的腿，一副惊讶的神情。她忽然意识到，自己一直刻意掩盖的残疾在刚才的瞬间已暴露无遗。这时，一种自卑让她无端地恼怒起来，对那个女孩说了一些难听的话。西莉亚的行为伤害了女孩的自尊心，女孩难过地跑开了。

事后，西莉亚深感歉疚。过了两天，西莉亚亲自来到学校，

和雷诺兹老师一起等候那个女孩。西莉亚对那个女孩说："如果把你训练成一名专业舞者恐怕不容易，但我保证，你一定会成为一个不错的领舞者。"这一次，她们就在学校操场上跳，有不少学生好奇地围观。那个女孩笨手笨脚的舞姿不时招来同学的嘲笑，她满脸通红，不断犯错，每跳一步都如芒刺在背。

西莉亚看在眼里，深深理解那种无奈的自卑感。她走过去，轻声对那个女孩说："假如一个舞者只盯着自己的脚，就无法享受跳舞的快乐，别人也会跟着注意你的脚，发现你的错误。现在你抬起头，面带微笑地跳完这支舞曲，别管舞步是不是错。"

说完，西莉亚和那个女孩面对面站好，朝雷诺兹老师示意了一下。悠扬的手风琴音乐响起，她们踏着拍子，欢快起舞。其实那个女孩的步伐还有些错误，而且动作不是很和谐。但意外的效果出现了——那些旁观的学生被她们脸上的微笑所感染，而不再关注舞蹈细节上的错误。后来，有越来越多的学生情不自禁地加入舞蹈中。大家尽情地跳啊跳啊，直到太阳下山。

生活在别人的眼光里，就会找不到自己的路。其实，每个人的眼光都不同。面对不同的几何图形，有人看出了圆的光滑无棱，有人看出了三角形的直线组成，有人看出了半圆的方圆兼济，有人看出了不对称图形特有的美……同是一个甜麦圈，悲观者看见一个空洞，乐观者却品尝到它的味道。同是交战赤壁，苏轼高歌"雄姿英发，羽扇纶巾，谈笑间，樯橹灰飞烟灭"；杜牧却低吟"东风不与周郎便，铜雀春深锁二乔"。同是"谁解其中味"的《红楼梦》，有人听到了封建制度的丧钟，有人看见了宝黛的深情，有人悟到了曹雪芹的良苦用心，也有人只津津乐道于故事本身……

人生是一个多棱镜，总是以它变幻莫测的每一面反照生活中的每一个人。不必介意别人的流言蜚语，不必担心自我思维的偏差，要坚信自己的眼睛、坚信自己的判断、执着自我的感悟，用敏锐的视线去审视这个世界，用心去聆听、感受这个多彩的人生，给自己一个富有个性的回答。

自己的人生无须浪费在别人的标准中

童话里的红舞鞋，漂亮、妖艳而充满诱惑，一旦穿上，便再也脱不下来。我们疯狂地转动舞步，一刻也停不下来，尽管内心充满疲惫和厌倦，脸上还得挂着幸福的微笑。当我们在众人的喝彩声中终于以一个优美的姿势为人生画上句号时，才发觉这一路的风光和掌声，带来的竟然只是说不出的空虚和疲惫。

人生来时双手空空，却要让其双拳紧握；而等到人死去时，却要让其双手摊开，偏不让其带走财富和名声……明白了这个道理，人就会对许多东西看淡。幸福的生活完全取决于自己内心的简约，而不在于你拥有多少外在的财富。

18 世纪法国有个哲学家叫戴维斯。有一天，朋友送他一件质地精良、做工考究、图案高雅的酒红色睡袍，戴维斯非常喜欢。可他穿着华贵的睡袍在家里踱来踱去，越踱越觉得家具不是破旧不堪，就是风格不对，地毯的针脚也粗得吓人。慢慢地，旧物件挨个儿更新，书房终于跟上了睡袍的档次。戴维斯穿着睡袍坐在帝王气十足的书房里，他却觉得很不舒服，因为自己居然被一件睡袍胁迫了。

戴维斯被一件睡袍胁迫了，生活中的大多数人则是被过多的物质和外在的成功胁迫着。很多情况下，我们受内心深处支配欲和征服欲的驱使，自尊和虚荣不断膨胀，着了魔一般去同别人攀比。谁买了一双名牌皮鞋，谁添置了一套高档音响，谁交了一位漂亮女友，这些都会触动我们敏感的神经。一番折腾下来，尽管钱赚了不少，也终于博得别人羡慕的眼光，但除了在公众场合拥有一两点流光溢彩的光鲜和热闹以外，我们过得其实并没有别人想象的那么好。

如果不管自己究竟幸福不幸福，常常为了让别人觉得很幸福就很满足，人就会忽视了自己内心真正想要的是什么，常常被外在的事情所左右。别人的生活实际上与你无关，不论别人幸福与否都与你无关，而你却将自己的幸福建立在与别人比较的基础之上，或者建立在了别人的眼光中。幸福不是别人说出来的，而是自己感受的，人活着不是为别人，更多的是为自己而活。

《左邻右舍》中有这样一个故事：男主人公的老婆看到邻居小马家卖了旧房子在闹市区买了新房，就眼红了，非要也在闹市选房子，并且偏偏要和小马住同一栋楼，而且一定要选比小马家房子大的那套。当邻居问起的时候，她很自豪地说："不大，一百多平方米，只比304室小马家大那么一点！"气得小马老婆灰头土脸的。过了几天，小马的老婆开始逼小马和她一起减肥，说是减肥之后，他们家房子的实际面积一定不会比男主人公家的小，男主人公又开始担心自己的老婆知道后会不会让他跟着一起减肥！

这个故事看起来虽然很好笑，却时常在我们的生活中发生，人将自己迷失在一种不断与人比较之中，被自己生活之外的东西所左右，岂不是很可悲？

一个人活在别人的标准和眼光之中是一种痛苦，更是一种悲哀。人生本就短暂，真正属于自己的快乐更是不多，为什么不能为了自己而完完全全、真真实实地活一次？为什么不能让自己脱离总是建立在别人基础上的参照系？如果我们把追求外在的成功或者"过得比别人好"作为人生的终极目标，就会陷入物质欲望而不能自拔。

你不可能让每个人都满意

世界一样，但人的眼光各有不同，做人不必去花大量的心思让每个人都满意，因为这个要求基本上是不可能达到的。如果一味地追求别人的满意，不仅自己累心，还会在生活和工作中失去自我。

生活中我们常常因为别人的不满意而烦恼不已，我们费尽了心思去让更多的人对自己满意，我们小心翼翼地生活，唯恐别人不满意；但即便是这样还会有人不满意，所以我们为此又开始伤神。很多时候，我们忙活工作或者生活其实花不了太多的时间，而只是我们将大量的时间都花在处理如何达到别人满意的这些事情上，所以身体累，心也累。

有这样一个故事：

一个农夫和他的儿子，赶着一头驴到邻村的市场去卖。没走多远就看见一群姑娘在路边谈笑。一个姑娘大声说："嘿，快瞧，你们见过这种傻瓜吗？有驴子不骑，宁愿自己走路。"农夫听到这话，立刻让儿子骑上驴，自己高兴地在后面跟着走。

不久，他们遇见一群老人。他们中的一个说："啯，你们看见了吗，如今的老人真是可怜。看，那个懒惰的孩子自己骑着驴，却让年老的父亲在地上走。"农夫听见这话，连忙叫儿子下来，自己骑上去。

没过多久又遇上一群妇女和孩子，几个妇女七嘴八舌地喊着："嘿，你这个狠心的老家伙！怎么能自己骑着驴，让可怜的孩子跟着走呢？"农夫立刻叫儿子上来，和他一同骑在驴的背上。

快到市场时，一个城里人大叫道："哟，瞧这驴多惨啊，竟然驮着两个人，它是你们自己的驴吗？"另一个人插嘴说："哦，谁能想到你们这么骑驴，依我看，不如你们两个驮着它走吧。"农夫和儿子急忙跳下来，他们用绳子捆上驴的腿，找了一根棍子把驴抬了起来。

他们卖力地想把驴抬过闹市入口的小桥时，又引起了桥头上一群人的哄笑。驴子受了惊吓，挣脱了捆绑撒腿就跑，不想却失足落入河中。农夫只好既恼怒又羞愧地空手而归了。

故事中农夫的行为十分可笑，不过，这种任由别人支配自己行为的事并非只在故事里出现。现实生活中，很多人在处理类似事情时就像故事里的农夫，人家叫他怎么做，他就怎么做；谁质疑，就听谁的。结果只会让大家都有意见，且都不满意。

谁都希望自己在这个社会做事面面俱到，但我们不可能让每一个人满意，不可能让每一个人都对我们展露笑容。通常的情况是，你以为自己照顾到了每一个人的感受，可还是有人对你不满，甚至根本不领情。每个人的习惯是不一样的，每个人的立场，每个人的主观感受是不同的，所以我们想面面俱到，不得罪任何人，又想服务好每一个人，那是绝对不可能的！

做人无须在意太多，不必让每个人满意，凡事只要尽心，按照事情本来的面目去做就好。简简单单地过好自己的生活就行，否则就像故事中的农夫一样，费尽周折，结果还落得谁都不满意。

不去和谁比较，只须做好自己

古语说："以铜为镜，可以正衣冠；以人为镜，可以明得失。"意思是说，每个人都是一面镜子，我们可以从别人身上发现自己、认识自己。然而，如果一个人总是拿别人当镜子，那么那个真实的自我就会逐渐迷失，这个人也难以发现自己的独特之处。

有这样一则寓言：有两只猫在屋顶上玩耍。一不小心，一只猫抱着另一只猫掉到了烟囱里。当两只猫同时从烟囱里爬出来的时候，一只猫的脸上沾满了黑灰，而另一只猫脸上却是干干净净。

干净的猫看到满脸黑灰的猫，以为自己的脸也又脏又丑，便快步跑到河边，使劲地洗脸；而满脸黑灰的猫看见干净的猫，以为自己也是干干净净，就大摇大摆地走到街上，出尽洋相。寓言中的那两只猫实在可笑。它们都把对方的形象当成了自己的模样，其结果是无端的紧张和可笑的出丑。它们的可笑在于没有认真地观察自己是否被弄脏，而是急着看对方，把对方当成自己的镜子。同样道理，不论是自满的人还是自卑的人，他们的问题都在于没有了解自己，没有形成对自身的清晰而准确的认识。

　　每个人都有自己的生活方式与态度，都有自己的评价标准，你可以参照别人的方式、方法、态度来确定自己采取的行动，但千万不能总拿别人当镜子。总拿别人做镜子，傻子会以为自己是天才，天才也许把自己照成傻瓜。

　　乌比·戈德堡成长于环境复杂的纽约市切尔西劳工区。当时正是"嬉皮士"时代，她经常模仿流行趋势，身穿大喇叭裤，头顶阿福柔犬蓬蓬头，脸上涂满五颜六色的彩妆。为此，她常遭到住家附近人们的批评和议论。

　　一天晚上，乌比·戈德堡跟邻居友人约好一起去看电影。时间到了，她依然身穿扯烂的吊带裤、一件衬衫，头顶阿福柔犬蓬蓬头。当她出现在她朋友面前时，朋友看了她一眼，然后说："你应该换一套衣服。"

　　"为什么？"她很困惑。

　　"你扮成这个样子，我才不要跟你出门。"

她怔住了："要换你换。"

于是朋友转身就走了。

当她跟朋友说话时，她的母亲正好站在一旁。朋友走后，母亲走向她，对她说："你可以去换一套衣服，然后变得跟其他人一样。但你如果不想这么做，而且坚强到可以承受外界嘲笑，那就坚持你的想法。不过，你必须知道，你会因此引来批评，你的情况会很糟糕，因为与大众不同本来就不容易。"

乌比·戈德堡受到极大震撼。她忽然明白，当自己探索一个可以说是"另类"的存在方式时，没有人会给予鼓励和支持，哪怕只是一种理解。当她的朋友说"你应该换一套衣服"时，她的确陷入两难抉择：倘若今天为了朋友换衣服，日后还得为多少人换多少次衣服？她明白母亲已经看出她的决心，看出了女儿在向这类强大的同化压力说"不"，看出了女儿不愿为别人改变自己。

人们总喜欢评判一个人的外形，却不重视其内在。要想成为一个独立的个体，就要坚强到能承受这些批评。乌比·戈德堡的母亲的确是位伟大的母亲，她告诉她的孩子一个处世的根本道理——拒绝改变并没有错，拒绝与大众一致却要走一条漫长而艰难的路。

乌比·戈德堡一生始终都未摆脱"与众一致"的议题。她主演的《修女也疯狂》是一部经典影片，而其扮演的修女就是一个很另类的形象。当她成名后，也总听到人们说："她在这些场合为什么不穿高跟鞋，反而要穿红黄相间的快跑运动鞋？她为什么不穿洋装，为什么跟我们不一样？"可是到头来，人们最终还是接受了她的与众不同，学着她的样子绑细辫子头，因为她是那么与众不同、那么魅力四射。

活在自己心里，而不是别人眼里

300多年前，建筑设计师克里斯托·莱伊恩受命设计了英国温泽市政府大厅，他运用工程力学的知识，依据自己多年的实践经验，巧妙地设计了只用一根柱子支撑的大厅。

一年后，市政府的权威人士在进行工程验收时，对此提出质疑，认为这太危险，并要求他再多加几根柱子。

莱伊恩非常苦恼，坚持自己的主张吧，他们会另找人修改设计；不坚持吧，又有违自己为人的准则。莱伊恩最后终于想出一条妙计，他在大厅里增加了4根柱子，但它们并未与天花板连接，只不过装装样子，来瞒过那些自以为是的人。

300多年过去了，这个秘密始终没有被发现。直到有一年市政府准备修缮天花板时，才发现莱伊恩当年的"弄虚作假"。

这个故事告诉我们，只要坚持自己能做到最好，他人的议论、责备就无法左右你。每个人都有独一无二之处，你必须看到自身的价值。

在一次演讲中，一位著名的演说家没讲一句开场白，手里却高举着一张20元的钞票。面对台下的200多人，他问："谁要这20元？"一只只手举了起来。他接着说："我打算把20元送给你们中的一位，但在这之前，请准许我做一件事。"他说着将钞票揉成一团，然后问："谁还要？"仍有人举起手来。

他又说："那么，假如我这样做又会怎么样呢？"他把钞票扔到地上，又踏上一只脚，并且用脚踩它。然后他拾起钞票，钞票已变得又脏又皱。"现在谁还要？"还是有人举起手来。

"朋友们，你们已经上了一堂很有意义的课。无论我如何对待那张钞票，你们还是想要它。因为它并没有贬值，它依旧是20元。"

其实，我们每个人都是如此，无论命运如何捉弄我们，我们都有自己的价值。

遗传学家告诉我们，我们每一个人，都是从上亿个精子中跑得最快、最先抓住机遇和卵子结合而生的；是46对染色体相互结合的结果，23对来自父亲，另23对来自母亲。每个染色体都有上百万个遗传基因，每个基因都能改变你的生命。因此，形成你现在的模样的概率是30兆分之一，也就是说，纵使你有30兆个兄弟姐妹，他们还是同你有相异之处，你仍旧是独一无二的。

美国诗人惠特曼在诗中说：

我，我要比我想象的更大、更美

在我的，在我的体内

我竟不知道包含这么多美丽

这么多动人之处……

人是万物的灵长，是宇宙的精华，我们每个人都具有使自己生命产生价值的本能。创造有价值生命的本能是人体内的创造机能，它能创造人间的奇迹，也能创造一个最好的"自我"，关键是看你如何用它。

美国哲学家爱默生说："人的一生正如他一天中所设想的那样，你怎样想象，怎样期待，就有怎样的人生。"

不要太在意别人对你的看法，许多时候，我们太在意别人的感觉，因而在迷茫之中迷失自己。

随意地活着，你不一定很平凡；但刻意地活着，你一定会很痛苦。其实人活着的目的只有一个，那就是不辜负自己。

我们又何必太在意我们生命以外的一些东西呢？我们所应牢牢把握的只是生命本身，如果我们一直活在别人的目光下，那么属于我们自己的生命还有多少呢？

有位名人曾经说过："生命短促，没有时间可以浪费，一切随心才是应该努力去追求的，别人如何议论和看待我，便无足轻重了。"

真正能够沉淀下来的，总是有分量的；浮在水面上的，毕竟是轻小的东西。且让我们在属于我们自己的人生道路上昂首挺胸地一步步走过，只要认为自己做得对，问心无愧，就不必在意别人的看法，不必去理会别人的议论，把信心留给自己，做生活的强者，永远向着自己追求的目标，执着地走自己的路就对了！

莫尼卡·狄更斯二十几岁时虽然已是有作品出版的作家，可是仍然举止笨拙，常感自卑。她有点胖，不过并不显肥，但那已经使她觉得衣服穿在别人身上总是比较好看。她在赴宴会之前要打扮好几个小时，可是一走进宴会厅就会感到自己一团糟，总觉得人人都在对她评头论足，在心里嘲笑她。

有个晚上，莫尼卡忐忑不安地去赴一个不大认识的人的宴会，在门外碰见另一位年轻女士。

"你也是要进去吗？"

"大概是吧。"她扮了个鬼脸，"我一直在附近徘徊，想鼓起勇气进去，可是我很害怕。我总是这样子的。"

"为什么？"莫尼卡在灯光照映的门阶上看看她，觉得她很好看，比自己好得多。"我也害怕得很。"莫尼卡坦言。她们都笑了，不再那么紧张。她们走向前面人声嘈杂、情况不可预知的地方。莫尼卡的保护心理油然而生。

"你没事吧？"她悄悄问道。这是她生平第一次心不在自己而在另一个人身上。这对她自己也有帮助，她们开始和别人谈话，莫尼卡开始觉得自己是这群人中的一员，不再是个局外人。

穿上大衣回家时，莫尼卡和她的新朋友谈起各自的感受。

"觉得怎么样？"

"我觉得比先前好。"莫尼卡说。

"我也如此，因为我们并不孤独。"

莫尼卡想：这句话说得真对！我以前觉得孤立，认为世界上除了她，别人都自信十足，可是如今遇到了一个和我同样自卑的人。我因为让不安全感吞噬了，根本不会去想别的，现在我得到了另一启示：会不会有很多人看来意兴高昂、谈笑风生，但实际上心中也忐忑不安？

　　莫尼卡撰稿的那家本地报馆，有位编辑总有些粗鲁无礼，问他问题，他只冷漠答复，莫尼卡觉得他的目光永不和自己的接触。以前，她总觉得他不喜欢自己；现在，莫尼卡怀疑会不会是他怕自己不喜欢他？

　　第二天去报馆时，莫尼卡深吸一口气，对那位编辑说："你好，安德森先生，见到你真高兴！"

　　莫尼卡微笑着抬头。以前，她习惯一面把稿子丢在他桌上，一面低声说道："我想你不会喜欢它。"这一次莫尼卡改口道："我真希望你喜欢这篇稿，大家都写得不好的时候，你的工作一定非常吃力。"

　　"的确吃力。"那位编辑叹了口气。莫尼卡没有像往常那样匆匆离去，她坐了下来。他们互相打量，莫尼卡发现他不是个咄咄逼人的特稿编辑，而是个头发半秃、其貌不扬、头大肩窄的男人，办公桌上摆着他妻儿的照片。莫尼卡问起他们，那位编辑露出了微笑，严峻而带点悲伤的他变得柔和起来。莫尼卡感到他们两个人都变得自在了。

　　后来，莫尼卡的写作生涯因战争而中断。她接受护士训练，再次因感觉到医院里的人个个称职，唯自己不然；她觉得自己手脚笨拙，学得慢，穿上制服看起来仍全无是处，引来许多病人抱怨。"她怎么会到这儿来的？"莫尼卡猜他们一定会这样想。

　　工作繁忙加上疲劳，使莫尼卡不再胡思乱想，也不再继续发胖。

她开始感觉到与大家打成一片的喜悦，她是团队的一分子，大家需要她。她看到别人忍受痛苦、遭遇不幸，觉得他们的生命比自己的还重要。

"你做得不错。"护士长有一天对莫尼卡说。莫尼卡暗喜：她在称赞我！他们认为我一切没问题。莫尼卡忽然惊觉几星期来根本没有时间为自己是否称职而发愁担忧。

不要过分关注别人的想法。你过分关注"别人的想法"，你太小心翼翼地想取悦别人，你对别人其实是假想的不欢迎过分敏感，你就会有过度的否定反馈、压抑以及不良的表现。最重要的是，你对别人的看法不必太在意。

把眼光盯住别人不放，以别人的方向为方向，总难超越别人。要想有成就，你得自己开路；而你所开的路是你自己的理想、见解与方式，所以是你所独有的。老子认为："夫唯不争，故天下莫能与之争。"

美国有一位极令人敬佩的年轻女士，她的芳名是罗莎·帕克斯。1955年的一天，她在亚拉巴马州蒙哥马利市搭乘公车，理直气壮地不按该州法律规定给一个白人让座。她这个不服从的举动引起轩然大波，招来白人强烈的抨击，却也成为其他黑人效法的榜样，结果掀起了一场民权运动，使美国人民为平等、机会和正义重新界定出不分种族、信仰和性别的法律。罗莎·帕克斯当时拒绝让座，可曾想过自己会遭遇什么样的后果？她是否有什么能够改变现有社会结构的高明计划？我们不知道，然而我们相信，她对这个社会抱有更高期许，使她采取这种大胆的行动。谁能想到这个弱女子的决定，给后人带来如此深远的影响？

追随你的热情，追随你的心灵，唱出自己的声音，世界因你而精彩。

先爱自己，再爱别人

爱，首先从自己开始，只有学会爱自己，才能学会爱他人、爱世界。爱自己不是一种自私行为，我们这里所说的爱并不是虚荣、贪婪、傲慢、自命不凡，而是一种善待自己、对自己无条件接受的行为。

如果你能够认识到自己是一个有自尊心的综合体，如果你能够注意养生，保持自己的身心健康，那你就已经开始学会爱自己了。

我们应该懂得，我们有足够的理由爱自己：一是只有自己才是属于自己的；二是只有热爱自己，才能热爱他人、热爱世界。

我们没有蓝天的深邃，但可以有白云的飘逸；我们没有大海的辽阔，但可以有小溪的清澈；我们没有太阳的光耀，但可以有星星的闪烁；我们不能像苍鹰一样在高空翱翔，但可以像小鸟一样低飞。每个人都有自己的位置，每个人都能找到自己的位置。我们应该相信，正因为有了千千万万个"我"，世界才变得丰富多彩，生活才变得美好无比。

认认真真爱自己一回吧——这一回是一百年。

著名心理学家雅力逊指出，人要先爱自己才会懂得去爱别人。

因为只有视自己为有价值、有清晰的自我形象的人，才会有安全感、有胆量去爱别人。

爱自己，或称自爱，是与自私、以自我为中心不同的一种状态。自私、以自我为中心是一切以私利为重，不但不替别人着想，更可能无视他人利益，为达到目的不择手段。爱自己，就要会照顾和保护自己、喜欢自己、欣赏自己的长处，同时也要接受自己的短处，从而努力完善自己。

在这种心态之下，我们会学会不少自处之道，更可活学活用于人际关系之中。在接受自己之后，便开始有容人的雅量；在懂得欣赏自己之后，便会明白如何欣赏别人；在掌握保护自己的方法之后，亦会悟出"防人之心不可无，害人之心不可有"的道理，也许这就是推己及人的真谛。

一个不爱自己的人，是不会明白如何爱别人以及接纳别人的。因此，一切均得由爱自己开始。心理学家伯纳德博士说："不爱自己的人会崇拜别人，但因为崇拜，会使别人看起来更加伟大而自己则更加渺小。他们羡慕别人，这种羡慕出自内心的不安全感——一种需要被填满的感觉。可是，这种人不会爱别人，因为爱别人就要肯定别人的存在与成长，他们自己都没有的东西，当然也不可能给予别人。"

每个人都有缺点，要想与人建立良好的人际关系，首先就必须接受并不完美的自己。谁都不可能十全十美，所以我们必须正视自己、接受自己、肯定自己、欣赏自己。

一个人如果不爱自己，当别人对他表示友善时，他会认为对方必定有求于自己，或是对方一定也不怎么样，才会想要和自己为伍。这种人会不断地批评自己，从而使别人感到他有问题而尽量避开他；这种人越是害怕别人了解自己就会越不喜欢自己，所以在别人还没有拒绝之前，其下意识里就会先破坏别人对自己的好感。总之，不爱自己会导致各种问题的发生。当一个人觉得自己很差劲时，周围的人也会跟着遭殃。

因此，在开始爱别人之前，必须先爱自己。世界就像一面镜子，人与人之间的问题大多是我们与自己之间问题的折射。因此，我们不需要去努力改变别人，只要适当转变一下自己的思想，人际关系就会有所改善。

你就是你，没有人可以取代

有人认为，这个世界上，少了自己就如同少了一只蚂蚁。没有分量的自己，又有什么重要？但是，作为独一无二的"我"，真的不重要吗？不，绝不是这样，"我"很重要。

当我们对自己说出"我很重要"这句话的时候，"我"的心灵一下子充盈了。是的，"我"很重要。

"我"是由无数星辰日月、草木山川的精华凝聚而成的。只要计算一下我们一生吃进去多少谷物，饮下了多少清水，才凝聚成这么一具美轮美奂的躯体，我们一定会为那数字的庞大而惊讶。世界付出了这么多才塑造了这么一个"我"，难道"我"不重要吗？

你所做的事，别人不一定做得来；而且，你之所以为你，必定是有一些相当特殊的地方——我们姑且称为特质吧！而这些特质又是别人无法模仿的。

既然别人无法完全模仿你，也不一定做得来你能做得了的事，试想，他们怎么可能给你更好的意见？他们又怎能取代你的位置，来替你做些什么呢？所以，这时你不相信自己，又有谁可以相信？

况且，每个来到这个世上的人，都是上帝赐给人类的恩宠。上帝造人时即已赋予了每个人与众不同的特质，所以每个人都会以独特的方式来与他人互动，进而感动别人。要是你不相信的话，不妨想想：有谁的基因会和你完全相同？有谁的个性会和你丝毫不差？

由此，我们相信，你有权活在这世上，而你存在于这世上的目的是别人无法取代的。

记住！你有权利去相信自己很重要。

"我很重要。没有人能替代我，就像我不能替代别人。我很重要。"

生活就是这样的，无论是有意还是无意，我们都要对自己有信心。不要总是拿自己的短处去对比人家的长处，却忽视了自己也有人所不及的地方。自卑是心灵的腐蚀剂，自信却是心灵的发电机。所以我们无论身处何境，都不要让自卑的冰雪侵占心灵，而应燃亮自信的火炬，始终相信自己是最优秀的，这样才能调动生命的潜能，去创造无限美好的生活。

也许我们的地位卑微，也许我们很渺小，但这丝毫不意味着我们不重要。重要并不是伟大的同义词，它是心灵对生命的允诺。人们常常从成就事业的角度，断定自己是否重要。但这并不应该成为标准，只要我们时刻努力着，为光明而奋斗，我们就是无比重要地存在着，不可替代地存在着。

让我们昂起头，对着我们这颗美丽的星球上无数的生灵，响亮地宣布：我很重要。

面对这么重要的自己，我们有什么理由不去爱自己呢！

向干涉自己生活的人说"不"

能在生活中有资格对我们品头论足，进行种种干涉，也许是家人的"特权"。虽说血浓于水，但是和亲人之间的冲突伴随着我们从小到大。

小许是一个刚刚工作两年的年轻人，他和父母一起住。他有学历、有工作，家庭也不错，可是他有着不为人知的烦恼：

我从小学到大学，父亲都会到老师办公室里央求班主任多照顾我。现在我已经工作了，他就跑到单位去和领导讲同样的话，还经常当着我的面。过去上学的时候，有同学一说"你爸又来了"，我就觉得很没面子。现在面对的都是同事，我简直觉得无地自容，因为这让别人觉得我是不是哪里有毛病必须家长出面。现在我都二十多岁了，身边连一个知心朋友也没有，业余时间没有人跟我一起玩，我干什么都只能独来独往。就是因为大家觉得我太特殊了，谁也不想跟我走得太近。每次父亲谈这个事的时候，他还一脸无辜，说"这都是为了你好"。这一句"这都是为了你好"似乎能成为父母无下限、无理由干涉子女生活的全部理由，可是现在看看我是什么样子？这真的是为了我好吗？他们到底想干什么？

我们都有这样的经历：从小到大什么都是父母安排，什么事都要完全按照父母的意愿去做。我们不想让父母伤心，可是又不愿意听从他们的安排做自己不喜欢的事情，谈判没用，争吵也没用，似乎就得一方迁就一方，一方用自己的牺牲来屈就另一方。

要怎么办才能摆脱父母的干涉呢？对于每个父母来说，干涉的产生，往往是因为太强烈的爱，希望能够把自己最好的经验传授给孩子，这样孩子就不会走弯路，也不会受到伤害。然而，这只不过是父母的美好愿望，和所有过于理想的愿望一样，它们都带有太多不现实的色彩。因为如果想要真正成熟起来，我们必须经历伤痛，并培养出从伤痛中走出来的能力，这样才可以看见雨后的彩虹，领悟人生的真味。而永远不受伤害是几乎不可能的，这样的人只能永远是一个婴孩。

为了父母好心的错误就允许他们不加限制地干涉，这真的是正确的吗？表面上看，这可以换来父母的满意，但是时间长了，一个人的反抗意识只会愈加强烈，早晚会和父母发生更严重的冲突。就算是毫无反抗意识、完全依赖父母的人，也会因为缺乏实践锻炼的能力成为一个"废人"，成为父母的心病。只有真的成长起来，成为一个能够通过自己的努力把自己的生活过好的人，就算在选择的最初和父母发生冲突，但是长远来看也是正常的和值得的。

有一个北大的毕业生，没有按照父母的期望成为一个高级白领，而是毅然决然地回家养猪创业。父母当时都反对他回家养猪，认为自己花了这么多年辛辛苦苦培养出一个北大毕业生，现在却干起农民才干的事情，这简直就是上天跟他们开了一个玩笑。但是这个北大毕业生力排众议，坚持不懈地努力，结果成为当地市场最成功的养猪专业户。他的收入比白领高出好几倍。当看到他的成绩的时候，当安享着儿子给自己带来的富裕生活的时候，父母便欣然接受并且觉得自豪了。

当亲人干涉我们的生活和选择的时候，争论是无效的，最好的方式是自己用实际行动去努力和争取，做出成绩和贡献来。等到那一天，家人的态度自然会转变。所以，一切只能靠自己的实力来证明，只有自身强大了，说话才会有分量，这在很多地方都是通用的。

另外一个会遭遇到干涉的情况就源于我们的恋人了。

甜甜说："我男朋友人很好，对我也很关心，基本各个方面都比较符合我的要求，于是我们确定了恋爱关系。

"可是随着了解的加深，他的缺点就开始显现。他是一个非常有控制欲、自大、自私、大男子主义的人，这让我觉得非常不舒服。一开始他对我的衣着进行评价，强烈要求我按照他的标准来打扮。开始的时候我也听了，觉得这是他在乎我的表现。可是接下来他的一些行为让我觉得他根本就不尊重我，我的事情在他的眼里都很不重要，我的感觉也似乎不值一提。比如我正在和朋友一起聚会，他就拉我立刻回去，丝毫不顾及我的感受。有个出差去外地的好机会，可以让我得到锻炼和业绩的提升，但是他也不允许。这些我都迁就了，但是我发现越迁就问题越严重，他似乎觉得我很好欺负，变本加厉，我是不是该考虑分手呢？"

我们每一个人都是一个独立的个体，都有自己独一无二的生活方式，任何人没有资格，更没有权利去干涉。甜甜正是因为在别人干涉自己、侵犯自己利益的时候没有引起足够的警觉，一味地退让反而让那些控制成瘾的人得寸进尺，对自己的生活和工作造成了严重的干扰。显然她不应该再拖下去了，果断地与对方摊牌交心才是上策。如果他能认识到问题的严重性并认真改正，可重归于好；否则就要果断分手。

当然，遵从自己内心的感受，才能活得自在、惬意一些。我们每个人都有自己独一无二的阅历，这就造就了独一无二的我们，进而产生了我们独一无二的生活方式，但是我们并不能因此想当然地以为自己对这个世界的理解才是正确的。我们每个人因为从小的生活环境不同，周围的人不同，以及成长过程中各种因素的作用，都会形成独特的生活方式和观念，或多或少大家可能有相似之处，但是不要妄想对方完全地去适应你、为你改变。比如一起生活的夫妻，一个人的生活方式是下班以后出去逛街、唱歌和朋友聚聚，而另一个人的生活方式是下班直接回家做饭，享受家庭的温馨，这就是不同。

我们不能期望和要求别人都像我们的人生知己一样来了解和理解我们，但我们更应该拒绝那些借各种理由在我们波澜不惊的日子里无事生非，打着关心我们、爱我们的幌子来带给我们诸多不快和困扰的人。

不是吃的盐多就有指点别人人生的权利，别人有提建议的权利，我们自己却掌握着做决定的权利。我们不能堵住别人的嘴，却可以掌控自己的脑和心。

他人只是看客，不要把命运寄托于人

"要做自己生命的主人""要自己掌握自己的命运"，其中的道理每个人都知道，但实际上，很多人并没有真的做到。想一想，你有没有经历过下面的场景：你刚刚毕业，还没有找到工作，突然一个熟人很热情地给你介绍了一个工作，虽然这个工作并不符合你的专业方向，薪酬也并不合适，但因为不好意思推辞，就接受了。结果这个工作果然非常糟糕，最终你忍无可忍辞了职。虽然这个工作浪费了你大量的精力和时间，但你没人可埋怨，他人并不对你的人生负有责任，谁让你当初不好意思拒绝呢？

我们习惯说"习惯决定性格，性格决定命运"，这句话有一定的道理。我们的人生之路看似有很多，但其实只有一条，除了现在的选择，你没法做别的选择。即使你做了一件很后悔的错事，但如果让你再重来一遍，我相信你还是会走到现在的位置上来。就像上学的时候做的考试题，我们总是在一个地方犯错误，因为

"你"没有变，除非有一个很深的记忆让你改变了自己的思维，否则你永远会顺着原路一直走到老，这就是性格决定命运的原因。

一个印第安长老曾经说过一段话："你靠什么谋生，我不感兴趣。我想知道你渴望什么，你是不是能跟痛苦共处；你是不是能从生命的所在找到你的源头；我也想要知道你是不是能跟失败共存；我还想要知道，当所有的一切都消逝时，是什么在你的内心支撑着你；我想要知道你是不是能跟你自己单独相处，你是不是真的喜欢做自己的伴侣，在空虚的时刻里。"自己就是自己最大的财富，不要怪别人没有给你机会，每个人的机会全都是自己给的。

在第二次世界大战中，美国士兵肯尼斯不幸被俘，随后被送到一个集中营里。集中营恐怖的气氛无时无刻不笼罩着他，在他精神几近崩溃的时候，他看到室友的枕头下有一本书，他翻读了几页，爱不释手。他以请求的语气问那个室友："可以借给我看吗？"答案当然是否定的，那本书的主人不大愿意借给他。

他继续请求："你借给我抄好吗？"这次，那位室友爽快地答应了他的要求。

肯尼斯一借过那本书，一刻也没有耽误，马上拿来稿纸抄写。他知道，在这个混乱的环境中，书随时有可能会被它的主人索回，他必须抓紧时间。在他夜以继日、不休不眠的努力下，书终于抄完了。就在他将书还回去的一个小时后，那个室友被带到了另一个集中营。从此，他们再也没有见过面。

在这个集中营里，肯尼斯待了整整三年，而那本手抄的书也整整陪了他三年。每当他被恐惧与无望逼得快发疯的时候，他都紧紧攥着那本书，用书中的道理鼓舞着自己，直到恢复自由。

有人总喜欢将自己的命运依附在其他人的身上，想靠别人的力量将自己拉出苦海，结果却往往事与愿违。因为不管是谁都无法了解你的全部感觉，即使他们为你提供了机会，也未必是你想要的。

我们中有的人每天唱着《明日歌》浑浑噩噩，做任何事情都拖拖拉拉，末了找借口为自己推卸责任。这样的人最危险，因为拖拖拉拉就意味着事情的延误。对生命来说，延误是最具破坏性、最危险的恶习，延误不仅导致财力、物力和人力的损失，也浪费了宝贵的时间，丧失了完成工作的最好时机。而对个人来说，因为延误，你耽误了时机，结果失败了，打击了你的自信心，从此你也许丧失主动做事的进取心。如果延误的恶习形成了习惯，你难以改变这种习惯，那你也终将一事无成。

有些人非常善于为自己的失败找各种各样的理由，来解释自己为什么没有达到想要的目标。即使自己没完成，他们也会说："这个事情没那么简单，谁来做都不可能在这么短的时间内完成。"如果有人完成了，他们也会说："那只是他们运气好罢了。"他们习惯了为自己找借口。

如果你发觉自己经常因为做事延误而找借口，那么，你应该主动铲除身上这种坏毛病，好好检讨一下自己，别再拿那些借口为自己开脱。在没找到其他的办法之前，最好的办法就是立即行动起来，赶紧做你该做的事情。

时间是水，你就是水上的船；你怎样对待时间，时间就怎样承载你。将今天该做的事拖延到明天，即使到了明天也未必做好。做任何事情，应该当天的事情当日做完，如果不养成这种工作态度，你将与成功无缘。所以，正确的做事心态应该是：把握今天，展望明天，从我做起，从现在做起。谁也没有拯救你的权利和义务，不要将命运放在其他人的手中。

一个勤奋的艺术家为了不让自己的每一个想法溜掉，当他的灵感来时，会立即把灵感记下来——哪怕是半夜三更，也会从床上爬起来，在自己的笔记本上把灵感给予他的启示记下来。优秀的艺术家老早就形成了这个习惯，他们知道灵感来之不易，来了如果白白溜走了，他们也许会遗憾终生。从我做起，从现在做起，就是让你立即行动起来，不再延误，这是任何一个成功者的法宝。

也许你每天有很多期望，想做这件事，又想做那件事，比如你想和家人共度一个周末，又想构思下个季度的工作计划。或者你想好好地放松一下，好好地独处；又想参加朋友的聚会，沟通人际关系。结果，因为选择困难，什么也没有做。

每一件事你只是在想，没有让自己的行动落实，结果，一拖再拖，所有想做的事情都延误了。为什么会这样？因为你没有养成从现在做起的习惯，你是一位伟大的空想家，不是行动家。真正做事的人就像比尔·盖茨说的那样："想做的事情，立刻去做！

当'立刻去做'从潜意识中浮现时，就应该立即付诸行动。"

庄子在《逍遥游》中说过，人要无所侍，才能达到真正自由的境界，如果要依靠外力，就永远达不到真正的逍遥。有的事，如果你不做，没有人可以替你做；你的命运，如果你不想改变，没有人可以替你改变。如果你不想在此时付出努力，一味地跟从别人，或者不好意思拒绝别人的期望，就必然在以后的某一时刻付出更大的代价。

找准位置，别让他人影响你的判断

从前，一个农夫养了一只小猴和一头小驴。

小猴乖巧伶俐，整天在主人的房顶蹦来跳去，非常讨主人喜欢。每当家里有客人来时，主人都会让小猴出来逗逗趣，并向他人夸赞小猴聪明、可爱。而此时的小驴却只能在磨房里默默地拉磨。时间久了，小驴觉得心里很委屈，很不平衡，它也想像小猴一样讨主人的赞赏。

有一天小驴终于鼓足了勇气，踩着墙边的柴垛，颤颤巍巍地登上了房顶。谁知，还没等它蹦起来，主人的房瓦就被它踩坏了。主人闻声把小驴从房上拖下来就是一顿暴打。小驴的心里更委屈了，它不明白，为什么小猴这样蹦来蹦去主人就开心，还大加赞赏，换成自己却要挨打呢？

其实，生活中很多人都有像小驴一样的困惑，为什么同样一件事，他人做效果就很好，自己做就完全不同的结果。其实，这只是问题的表象，此时我们真正应该认识到的问题是：是什么让我们选择放弃原来的自己而去模仿他人，在他人的流言蜚语中迷失方向、失去自我、找不准自己的位置呢？

其实，还是你自己心里本身就对自己没有一个清晰的定位，所以才会在各种不同的意见中迷失了自我，不好意思做真正的自己罢了。

"你是谁或你将成为谁"，回答这个问题最多的人不是你自己，反而是围绕在你身边的人们。人们总是喜欢对他人评头论足、指指点点。那是因为人的眼睛只是看到他人，却不容易看清自己。

在我们的成长过程中就会受到这些人的影响。大家都认为我性格内向，我就真的表现得寡言少语。大家认为我应该当老师，我就真的在报考志愿时首选了师范专业。诸如此类，我们生活中的很多选择和判断会受到他人的影响。

正如网络上流行的一句话："你选择了父母喜欢的学校，选择了热门且好就业的专业，凭什么要过你想要的生活？"是呀，当你总是受他人观点的影响做出判断和选择，你就没有理由再来抱怨为什么自己不能做喜欢做的事。如果你想要追求自己的生活，就要学会让自己内心的声音发出来，盖过他人的言论，只听从自己的内心。

有这样一个故事：

一个乞丐在街边靠乞讨和贩卖铅笔为生。很多人从他身边走过，都会同情地投给他几枚硬币。然后便离开。所以，他的铅笔其实无所谓卖或不卖，没有人真正关心，连他自己也不关心自己的铅笔到底卖了多少。

有一天，一个富商从路边经过，看到可怜的乞丐，同样顺手投给了乞丐几枚硬币。富商正要转身离去，忽然又停了下来，退回几步来到乞丐面前说："我付了钱，还没有拿走我的铅笔，毕竟我们都是商人。"几年以后，这位富商参加一个上流社会的高级酒会，一位衣冠楚楚的先生走过来向他敬酒："先生，我要谢谢您。"

富商很诧异："可是，我好像不认识你。"这位先生说："几年前，我在路边卖铅笔，您曾经买过我的铅笔。所有的人都觉得我是个乞丐，而只有您告诉我，我们都是商人。所以，我要感谢您，是您鼓励了我。"

一个在路边靠卖铅笔乞讨的人，有人定位他是乞丐，有人定位他是商人，其中的关键不是别人，而在于他自己。如果他就认为自己是个乞丐，也许他会甘于每日收取路人扔下的硬币，以此为生。但他给自己定位是一个商人，不管自己当时卖的是多么廉价的铅笔，最终他会像个商人一样去经营自己的事业和人生，成就不一样的自己。

不是所有人都很清楚自己的定位，或者心里明明有着对自我的定位，却因为外界的环境影响而动摇、跟风、模仿，企图通过复制他人的成功而更快地成就自己，结果往往弄巧成拙，欲速不达。

一味地东施效颦，往往会迷失自我；而坚守自我，找到自己的位置，却可以打造一个属于自己的舞台。坚守自我是要认清自己的能量，发挥自己的潜能，不断提升自我。坚守自我绝不是墨守成规，而是倾听自己的声音，抵抗他人的干扰，做真正的自己。

第五章

拒绝是一门艺术

用故意错答拒绝陌生人的无理要求

错答是一种机警的口语表达技巧，既可用于严肃的口语交际场合，也可用于风趣的日常口语交际场合。错答的主要特点是不正面回答问话，但并不是反唇相讥，而是用话岔开对方所问的问题，做出与问话意思错位的问答。

有一位美丽的姑娘独自坐在酒吧里，从她的穿着来看，她一定来自一个富裕的家庭。其实这位姑娘在等一个好朋友，在没有见到朋友之前，她只想静静地一个人待着，可是一个又一个的男人前来与她搭讪。这位姑娘实在不想被打扰，但朋友还是没到。这时，又一位青年男子走过来殷勤地问道："这儿有人坐吗？"

"你说到哪个酒店去？我没听清楚。"姑娘大声说。

"不，不，你弄错了。我只是问这儿有其他人坐吗？"

"今夜就去？"姑娘尖声叫着，比刚才更激动。

这位青年男子被她弄得狼狈极了，赶紧到另一张桌子去了。许多顾客愤慨而轻蔑地看着他。

这就是很典型的错答，是用来排斥对方和躲闪的交际手段。当别人想邀请你做一件你不想做的事，你可以采取答非所问的方式巧妙地暗示对方，你对他的邀请不感兴趣，他就会知趣而退。

装糊涂并不是真糊涂，而恰恰是一种高明的阴柔之道，它真正体现的是你的聪明与灵活。大致说来，运用答非所问的语言技巧时，需要注意以下几点。

第一，要注意对象和场合；

第二，使对方明白既是回答又不是回答，潜在语是不欢迎对方的问话；

第三，有时要利用问话的含混意思，答案虽模棱两可、似是而非，但对方也无法责怪你。

拒绝要选择适当的时机和场合

现实生活中，如果是朋友请你帮忙，你在拒绝时，除了要有充分的理由之外，还必须注意拒绝的时机和场合。从时机来说，拒绝要趁早，切忌一味拖延。

小姗逛街时，偶遇一位大姐，她是小姗从前的邻居。大姐拉着小姗的手问长问短，然后像发现了新大陆似的，指着她的脸说："年纪轻轻的，可不能光为了赚钱，忽略了对皮肤的保养。看你啊，眼角都有皱纹了，皮肤也没有光泽……"

大姐的一番话，让小姗感觉脸上火烧火燎的，恨不能一头扎进美容院，来个脱胎换骨。这时，大姐变魔术似的拿出一沓资料，笑眯眯地说："不如试试这个产品，效果特别好，现在搞活动，价格也优惠不少呢！"

再看看递过来的名片，小姗明白过来，原来这位大姐在搞化妆品推销。小姗本来对这些东西没兴趣，但碍于老邻居的面子，只好接过来，说要拿回去好好看看。

回到家，小姗把资料扔到一边，根本没放在心上。不料，第二天，这位大姐竟拿着两张碟片找到小姗的公司，小姗只好硬着头皮接下来。又过了几天，大姐再次打来电话问："怎么样，选好了吗？"

说实话，小姗根本没时间看碟片，花几千元买套化妆品，她的经济实力也负担不起。后来，她因挨不过大姐的催促，只好说："不好意思，我决定暂时不买。"结果这位大姐第二天就一脸阴沉地过来把碟片拿走了，好像小姗欠了她一大笔钱似的。

通常而言，拒绝的时间，一般是早拒比晚拒好。因为及早拒绝，可以让对方抓住时机争取别的出路。无目的的拖拉，则是一种不负责任的态度。

小姗在这件事上考虑到面子，没有及时拒绝，后来却影响了自己与老邻居的关系。所以，在向熟人表示拒绝时一定要趁早，一味拖延反而会使事情更糟，对方会觉得你连最基本的礼节都不懂。

很多人在拒绝对方的时候，因为感到不好意思，而不敢据实言明，支支吾吾，这样会使对方摸不清自己的真正意思，而产生许多不必要的误会。其实，在人际交往中，不得不拒绝是常有的事情，因此搞坏交情的并不多；倒是有些人说话语意暧昧、模棱两可，容易引起对方误会，甚至导致关系破裂。

当然，不管你怎样"委婉"地及早拒绝，对方遭到拒绝总归是不愉快的。怎样才能使对方的这种不愉快减少到最低限度，或者反而使双方的关系更进一步呢？这就要求你的态度要诚恳，不要在公共场合当着其他人的面拒绝人。

拒绝他人的时候，一定要考虑周全，让对方不过于难堪。切不可不管不顾，在众人的面前直接拒绝对方，这样会使对方感觉被伤得很深。尤其是拒绝熟人时，从时间来说最好趁早，从场合上来说，最好没有第三人在场，这样可以顾及被拒绝人的颜面和自尊，将伤害降到最低。

不失礼节地拒绝他人的不当请求

拒绝亲密之人的不当要求是一门学问，是一项应变的艺术。想在拒绝时既消除自己的尴尬，又不让对方无台阶可下，这就需要掌握一些巧妙的拒绝方法，比如：

1. 巧用反弹

别人以什么样的理由向你提出要求，你就用什么样的理由拒绝，这就是巧用反弹的方法。在《帕尔斯警长》这部电视剧中，帕尔斯警长的妻子出于对帕尔斯的前程和人身安全考虑，企图说服帕尔斯中止调查一位大人物虐杀自己妻子的案子。最后她说："帕尔斯，请听我这个做妻子的一次吧。"他却回答说："是的，这话很有道理，尤其是我的妻子这样劝我，我更应该慎重考虑。可是你不要忘记了这个坏蛋亲手杀死了他的妻子！"

2. 敷衍拒绝

敷衍式的拒绝是最常用的一种拒绝方法，敷衍是在不便明言回绝的情况下，含糊地回绝请托人。拒绝亲密之人的不当要求也可采用这一方法。运用这种方法时，也需对方有比较强的领悟能力，否则难以见效。具体采用这种方法时，我们可以运用推托其辞、答非所问、含糊拒绝等具体方式。

3. 巧妙转移

面对别人的要求，你不好正面拒绝时，可以采取迂回的战术，转移话题也好，另找理由也好，主要是利用语气的转折——绝不会答应，但也不致撕破脸。比如，先向对方表示同情或给予赞美，然后再提出理由加以拒绝。由于先前对方在心理上已因为你的同情而对你产生好感，所以对于你的拒绝也能以"可以谅解"的态度接受。

总之，面对亲密之人提出的不当要求时，切忌直接拒绝，尽量使用间接拒绝的方法。从对方的立场出发，阐明自己的观点，就会使对方自然而然地接受了。

此外，拒绝别人时也要有礼貌。任何人都不愿被拒绝，因为被别人拒绝会感到失望和痛苦。当对方向自己提出不合理要求时，你可能感到气愤，甚至根本无法忍受，但你也要沉住气，你千万不可大发雷霆、出言不逊、恶语伤人。

拒绝求爱这样说

　　如果爱你的人正是你所爱的人，被爱是一种幸福。但是，假如爱你的人并不是你的意中人，或者你一点也不喜欢他（她），你就不会感觉被爱是一种幸福了，你可能产生反感甚至痛苦，这份你并不需要的爱就成了你的精神负担。

　　别人爱你，向你求爱，他（她）并没有错；你不欢迎，你拒绝他（她）的爱，你也没错。最关键的是看你怎样拒绝。如果拒绝得恰到好处，对双方都是一种解脱，也可以免去许多麻烦；如果你不讲方式，不能恰到好处地拒绝别人的求爱，你就可能造成误解，不但伤害他人，说不定也会危害自己。

　　你也许曾经有过这样的左右为难，为了顾全对方的面子而难以开口说个"不"字，你不知所措。你被这份多余的爱折磨得痛苦不堪，却不知该如何去做。生活中处在这种矛盾中的人太多了。有些人遇到这些情况时不知该如何拒绝，因处理不当造成了很不好的后果。

　　那么该如何巧妙而不失体面地拒绝求爱呢？

　　首先要做到直言相告，以免产生误会，这是非常必要的。

　　你若已有意中人，又遇求爱者，那么就直接明确地告诉对方，你已有爱人，请他（她）另选别人，而且一定要表明你很爱自己的恋人。同时，切忌向求爱者炫耀自己恋人的优点、长处，以免伤害对方的自尊心。

倘若你认为自己年纪尚小，不想考虑个人问题，那正好，你可以直言不讳，讲明情况。

其次，倘若你不喜欢求爱者，根本没有建立爱情的基础，可以在尊重对方的基础上婉言谢绝。

对自尊心较强的男性和羞涩心理较重的女性，适合委婉、间接地拒绝。因为有这类心理的人，往往克服了极大的心理障碍，鼓足勇气才说出自己的感情，一旦遭到断然的拒绝，很容易感到受了伤害，甚至痛不欲生；或者采取极端的手段，以平衡自己的感情创伤。因此拒绝他们的爱，态度一定要真诚，言语也要十分小心。你可以告诉他（她）你的感受，让他（她）明白你只把他（她）当朋友、当同事或者当兄妹看待，你希望你们的关系能保持在这一层面上，你不愿意伤害他（她），也不会对别人说出你们的秘密。

你不妨说："我觉得我们的性格差异太大，恐怕不合适。"

"你是个可爱的女孩，许多人喜欢你，你一定会找到合适的人。"

"你是个很好的男人，我很尊重你，我们能永远做朋友吗？"

"我父母不希望我这么早谈恋爱，我不想伤他们的心。"

如果这些自尊和羞涩感都挺重的人没有直接示爱，只是用言行含蓄地暗示他们的感情，那么你也可以采取同样的办法，用暗含拒绝的语言，用适当的冷淡或疏远来让他（她）明白你的心思。

要记住，拒绝别人时千万不要直接指出或攻击对方的缺点或弱点，因为你觉得是缺点或弱点的地方，对他（她）自己来说也许并不认为是缺点。所以，不能以一种"对方不如自己"的优越感来拒绝对方。特别是一些条件优越的女青年，更不能认为别人求爱是"癞蛤蟆想吃天鹅肉"而一推了之，或不屑一顾、态度生硬，让人难以接受。

不过，对于带有骚扰性的某些"求爱"方式，就不必手下留情，一定要果断出击。

如果你是一名美女，你难免遇到"性骚扰"。随着开放程度的日益提高，女性走出家庭，与男子一样，在社会工作中担任着重要的角色，而且敢于展示自己的美，这就招来一些好色之徒，使他们有了非分之想。爱美之心人皆有之，但对美女的垂涎太过分，就成了"性骚扰"。女性遭到来自男性的骚扰，如果太过软弱，就会使好色之徒得寸进尺；如果义正词严地怒目斥之，就可能陷入麻烦之中弄得自己不开心。比较聪明的办法是，以机智的讥讽言辞使其退却，这是一个两全其美的法子。

试看这位漂亮的少妇是如何抗拒性骚扰的。

一个生性风流的男子，看到了一位漂亮的少妇迎面走过来，便跟在她后面，寻找机会和她搭话，但因为不相识，不好开口。忽然瞥见她手上挎了个提包，于是找到了话题，他嬉皮笑脸地说："请问，您这漂亮的小提包是从哪儿买的，我也想给我妻子买一个。"没想到这位少妇冷冷地说："你妻子有这种包会倒霉的。""为什么呀？"少妇幽默地回答说："因为不三不四的男人会以提包为借口找她的麻烦。"

这位少妇看穿了这个风流男子的意图，但没有揭穿他，而是接过男子的话头，以幽默、机智的嘲讽言辞给了他当头一棒。这个男子见难以得手，只得灰溜溜地逃之夭夭了。

约会是男女开始真正意义上的恋爱的标志，所以，接受别人的约会请求也意味着接受别人的求爱。对于不愿意接受的示爱者，我们首先应该拒绝与其约会，不能因为一时心软而使对方误会，导致真正明确两个人关系时牵扯不清，给对方造成更大的伤害。拒绝约会应该有"快刀斩乱麻"的魄力，因为这不仅仅代表对一次约会的推搪，而且暗示着自己对对方的爱情的谢绝，这就要求我们一方面要把握说话的分寸，不伤害对方的感情；另一方面要表明心意，断绝对方再次邀请的念头。

找各种各样的借口来推搪约会，使对方体会到拒绝之意。

上课、加班、身体欠佳、天气不好……这些都可以成为拒绝约会的好借口。在搬出这些借口的同时，可以有意地露出破绽，让对方从借口的不严密中明白是在有意敷衍。此外，也可以以委婉的方式暗示自己确实不愿意与对方交往。总之，借口不能找得太严密、太合乎情理，不要让对方误认为是客观原因导致不能赴约，从而把约会的时间推至以后，令自己再次处于被动局面。

张京对同事小洁暗恋已久，这天，他终于鼓起勇气约小洁出来看电影。小洁也觉察到了张京对自己的感情，无奈自己对他实在没有"触电"的感觉，于是对他说："真是对不起。这段时间我正在上夜大的电脑培训班，每天晚上都有课。上完夜大后又要准备英语的等级考试，实在没有看电影的空闲时间。要不，你找刘伟吧，你们哥儿俩不是常在一起讨论好莱坞的影片吗？"张京听了，只好悻悻而归，从此再也没向小洁提出过约会的请求。

看一场电影只需要一两个小时的时间，如果小洁愿意接受张京的话，怎么也能抽出点时间来赴约，而她的推辞却根本没有流露出任何的遗憾和改日赴约的愿望。想清楚了这一点，张京自然明白小洁的拒绝之意，只得收回自己的感情。

暗示已经有了意中人，使对方知难而退。

由于约会是恋爱的前奏，当对方刚刚提出约会，尚未表露爱意时，可以"先发制人"，间接说明自己已经心有所属。对方听了之后，明白自己希望渺茫，自然不会强求，有时甚至为了避免尴尬，找理由取消此次约会。

郭建对新来的同事孙红一见钟情，星期五下午下班前，他打电话给孙红："我听朋友说，这两天香山的枫叶红得最美，你有兴趣和我一起去看看吗？"孙红立刻明白了他的意思，于是笑着答道："哎呀，真是不巧。明天恰好我男朋友的妈妈过生日，我要赶着去拜寿，要不我们改天再叫几个朋友一起去？"郭建听了，心里凉了半截，只得敷衍道："那……那就以后再说吧！"

孙红以男朋友的母亲过生日为由，既推掉了郭建的邀请，又表明自己已"名花有主"。郭建只好识趣地知难而退，便不会再提出什么约会的邀请了。

无论如何，在爱情的历程中，当遇到不满意或不能接受的求爱时，最好采用恰当的语言婉言拒绝，巧妙收场。

通过暗示巧说"不"

很多时候，我们不得不拒绝别人，但是怎样将这个难说的"不"说出口呢？暗示，是一种不错的选择。

美国出版家赫斯脱在旧金山办他的第一份报纸时，著名漫画大师纳斯特为该报创作了一幅漫画，内容是唤起公众来迫使电车公司在电车前面装上保险栏杆，防止意外伤人。然而，纳斯特的这幅漫画完全是失败之作。发表这幅漫画有损报纸质量，但不刊登这幅漫画，又怎么向纳斯特开口呢？

当天晚上，赫斯脱邀请纳斯特共进晚餐，先对这幅漫画大加赞赏，然后一边喝酒，一边唠叨不休地自言自语："唉，这里的电车已经伤了好多孩子，多可怜的孩子，这些电车，这些司机简直不像话……这些司机真像魔鬼，瞪着大眼睛，专门搜索着在街上玩的孩子，一见到孩子们就不顾一切地冲上去……"听到这里，纳斯特从座椅上弹跳起来，大声喊道："我的上帝，赫斯脱先生，这才是一幅出色的漫画！我原来寄给你的那幅漫画，请扔入纸篓。"

赫斯脱就是通过自言自语的方式，暗示纳斯特的漫画不能发表，让纳斯特欣然接受了意见。

另外，通过身体动作也可以把自己拒绝的意图传递给对方。当一个人想拒绝对方的继续交谈时，可以做转动脖子、用手帕拭眼睛、按太阳穴以及按眉毛下部等漫不经心的小动作。这些动作意味着一种信号：我较为疲劳、身体不适，希望早一点停止谈话。显然，这是一种暗示拒绝的方法。此外，微笑的中断、较长时间的沉默、目光旁视等也可表示对谈话不感兴趣、内心为难等心理。

一天，为了配合下午的访问行程，小王想把甲公司的访问在中午以前结束，然后依计划下午第一个目标要到乙公司拜访。但是，甲公司的科长提出了邀请："你看到中午了，一起吃中饭吧？"

小王与甲公司这位科长平常交情不错，他又是非常重要的客户，不能轻易地拒绝。但是，和这位爱聊天的科长一起吃中饭，最快也要磨蹭到下午一点才能走。小王怎样才能不伤和气地拒绝呢？

答案就是在对方表示"要不要一起吃饭"之前，小王就不经意地用身体语言表现出匆忙的样子，例如说话语速加快或自然地看看表等。但记住：这种时候千万不要过早露出坐立不安的神情，以免让人怀疑你合作的诚心。

巧妙地学会用暗示的方法拒绝别人，让对方明白你在说"不"，不仅能把事情办妥，而且不伤和气。

师出有名，给你做的每件事一个说法

很多时候，我们需要为自己所做的事找一个理由，这样，我们所做的事才更容易得到别人的认同。

做任何事情都要有正当的理由，至少是表面上的。古往今来，凡是成大事的人，都懂得为自己做的事找一个能够为人所接受的借口。

人与人交往，有时难免要借助善意的借口、美丽的谎言，因为这是关心对方、理解对方的一种表示，对人际关系的和谐大有裨益。如果我们懂得运用这种真诚和善意来处理相互间的关系，我们与他人的交往便更具艺术性。

戴尔·卡耐基在《人性的弱点》一书中，有这样一个例子。

一个妇女应老师的要求，回到家中请她的丈夫给自己列出 6 项缺点。本来，她丈夫可以给她列举出许多缺点，他却没有这样做。而是借口说自己一时还很难想清楚，等次日想好后再告诉她。第二天，他一起床，便给花店打了一个电话，要求给他家送来 6 枝玫瑰花，并附了一张字条："我想不出有哪 6 项缺点，我就喜欢你现在的样子。"结果，他妻子不仅非常感激他那善意的宽容，而且自觉、自愿地改正了以前的缺点。

日常交往中，我们每个人都在有意、无意地用着这样或那样的借口。比如，朋友来家做客，不小心打碎了茶杯，这时，你马上说："不要紧，你才打了一只，我爱人曾经打碎了三只。相比起来，你的战绩平平！"这种幽默的借口，既打破了尴尬的局面，也避免让对方陷入难堪的境地。

可见，在日常生活中，要处理好人与人之间的关系，做到善解人意、与人为善，有时就需要寻找合适的借口。因为这种善意的借口既能满足对方的自尊心，维护对方的颜面，又可以让自己摆脱不必要的尴尬和难堪。

回绝客户无理要求的话怎么说

客户是上帝，一个称职的服务行业的工作者或者是商务职员，都会涉及对客户的服务、和客户的谈判等。

那是不是面对客户就要有求必应呢？当然不是了，对于一些客户的无理要求，我们还是要学会拒绝的。

但是面对的毕竟是客户，要怎么委婉地表达自己的拒绝呢？

那么，我们应该怎样说好这个"不"呢？首先，在人际交往中，如遇到别人要求我们去做能力之外或不愿意做的事情时，应注意以下几点。

首先，在听到客户无理要求时，不要立马拒绝，这会让客户觉得你死板。

其次，不要轻易地拒绝。如果客户的要求不是太过分，或者是与工作无关的事情，而你又可以帮助他，这个时候你就要衡量好了，也许你对别人进行帮助会让你多一个朋友。当然，前提是这件事是正当的。

再次，即使你听到了不合理的要求很生气，也要控制自己的情绪，不要一怒之下说了不该说的话，就这样毁了一次合作，是不值得的。还有就是，拒绝别人的时候态度要友好，让别人觉得你起码不是故意拒绝的。

最后，虽然在这件事上拒绝了别人，如果可以的话，可以在别的事情上给予一些自己力所能及的帮助。这是一种双方都比较理想的情况。

沟通里有一个漏斗原则，通常我们心里想的或许是 100%，嘴里说出来的或许是 80%，而别人听到的不会超过 60%，听懂的或许仅为 40%，可是他按照我们所讲的事情去做时也就只有 20% 了。所以自己所想的与最终对方根据我们的想法去做的，两者之间具有很大的差别。这便更需要通过有效的方法，将"不"字传达给相关人员。

我们在拒绝的同时，我们的情绪同时也代表着自己的内心世界。这个"不"字，如何将它传达给对方，我们的情绪是怎样的，都会给对方造成一定的影响。要将我们的拒绝信息传达给对方，并不能仅说一个"不"字，而应该将这一"不"字的过程及内容传达给他。

在职场上，一个好的领导、一个能干的人才不轻易拒绝别人；即使拒绝，也要有替代。因为要懂得拒绝的艺术，下面这些方法是常用的。

谢绝法："对不起，我觉得这样做不太合适，不好意思。"

婉拒法："让我再考虑考虑吧。"

不卑不亢法："我想我做这件事不太擅长，你还是找更懂这方面的人吧。"

幽默法："我笨手笨脚的，别坏了你的事，去找更机灵的人吧。"

无言法：运用摆手、耸肩、皱眉、微笑摇头等身体语言和否定的表情来表示自己拒绝的态度。

缓冲法："我想一下，过几天再给你答复好吗？"

回避法："这件事以后有机会再说吧，我现在手里有比较急的事。"

严词拒绝法："真的不行，你别劝我了，我做好的决定就不会轻易改变。"

借力法："不信你可以问他，这件事我真帮不了你。"

自护法："你为我想想，我怎么能去做没把握的事？你让我出洋相啊？"

人际应酬时，若能凡事多为他人着想，多给别人一些尊严、一些体谅，少一点难堪，必能赢得别人长久的爱护。你所认识的每个人都可能对你的人生有不同的影响，你所经历的每一件事情都有可能改变你的人生。不要轻易拒绝，但也要学会拒绝。

在谈判过程里，我们一样也会拒绝对方所提的建议。怎样将拒绝的信息传递给对方，却不让对方感觉不舒服呢？开口表示拒绝时一定不要说抱歉，因为你不欠对方什么，而确实是从自身出发不能满足对方的要求，因此没有说抱歉的必要。

在表明意见及感受时，应该做真诚的处理及有效的沟通。同样的"不"字，通过不同的方式传递给对方，最终的结果是不同的。

不过，很多事情都是说来容易做来难，因为拒绝比接受更难。尤其在职场中，很可能因此得罪别人。一般来讲，我们所面临的请求可能来自部下、上级、同事，或公司以外人员。

　　这些请求可以大致分为三类：一是与职务有关责无旁贷的；二是虽然与职务有关，但是请求的内容不合时宜或不合情理；三是没有义务给予承诺的请求。而后两类都是不切实际的，我们当然要勇敢地拒绝了。

　　这个时候，拒绝一定要清晰而坚定。不要被对方的几句好话、软话，或者听似危险不大的说辞所蒙蔽。因为，原则和底线是不能被打破的。

第六章
硬拒不如柔拒，
回绝却不伤害对方

拖延、淡化，不伤其自尊地将其拒绝

一般人都不太好意思拒绝别人。但在很多情况下，我们为了避免不必要的困扰，对一些不合理或不合自己心意的事有必要拒绝。但怎样做既不伤害对方自尊心又能达到拒绝的目的呢？当对方提出请求后，不必当场拒绝，你可以说："让我再考虑一下，明天答复你。"这样，既使你赢得了考虑如何答复的时间，也会使对方认为你是很认真对待这个请求的。

某单位一名职工找到上级要求调换工种。领导心里明白调不了，但他没有马上回答说"不可能"，而是说："这个问题涉及好几个人，我个人决定不了。我把你的要求报上去，让厂部讨论一下，过几天答复你，好吗？"

这样回答可让对方明白调工种不是件简单的事，这其中存在着两种可能，也使对方思想有所准备，比当场回绝效果要好得多。

一家汽车公司的销售主管在跟一个大买主谈生意时，这位买主突然要求看该汽车公司的成本分析数据，但这些数据是公司的绝密资料，是不能给外人看的。可如果不给这位大买主看，势必影响两家和气，甚至失掉这位大买主。这位销售主管并没有说"不，这不可能"之类的话，但他在话中婉转地说出了"不"。"这个……

好吧，下次有机会我给你带来吧。"知趣的买主听过后便不会再来纠缠他了。

某位作家接到老朋友打来的电话，邀请他到某大学演讲，作家如此答复："我非常高兴你能想到我，我将查看一下我的日程安排，我会回电话给你的。"

这样，即使作家表示不能到场的话，他也就有了充裕的时间去化解某些可能的内疚感，并使对方轻松、自在地接受。

陈涛夫妻俩下岗后，自谋职业，利用政府的优惠贷款开了一家日用品商店，两个人起早贪黑把这个商店办得红红火火，收入颇丰，生活自然有了起色。

陈涛的舅舅是个游手好闲的赌棍，经常把钱扔在赌桌上，这段时间，手气不好又输了，他不服气，还想捞回本钱，又苦于没钱，就把眼睛瞄准了外甥的店铺。一日，这位舅舅来到了店里对陈涛说："我最近想买辆摩托车，手头尚缺 5000 块钱，想在你这借点儿周转，过段时间就还。"——他也知道用模糊语言。

陈涛了解舅舅的嗜好，借给他钱无疑是肉包子打狗，何况店里用钱也紧，就敷衍着说："好！再过一段时间，等我有钱先把银行到期的贷款支付了，就给你，银行的钱可是拖不起的。"

舅舅听外甥这么说，没有办法，知趣地走了。

陈涛不说不借，也不说马上就借，而是说过一段时间，等支付银行贷款后再借。这话含多层意思：一是目前没有，现在不能借；二是我也不富有；三是过一段时间不是确指，到时借不借再说。

舅舅听后已经很明白了，但他并不心生怨恨，因为陈涛并没有说不借给他，只是过一段时间再说而已，给了他希望。

因此，处理事情时，巧妙地一带而过比正面拒绝有效，且不伤和气。

先承后转，让对方在宽慰中接受拒绝

日常中，我们经常会遇到这样的情况，对方提出的要求并不是不合理，但因条件的限制无法予以满足。在这种情况下，拒绝的言辞可采用"先承后转"的形式，使其精神上得到一些宽慰，以减少因遭拒绝而产生的不愉快。

李刚和王静是大学同学，李刚这几年做生意虽说挣了些钱，但也有不少的外债。两个人毕业后一直没有来往，一天，王静突然向李刚提出借钱的请求，李刚很犯难，借吧，怕担风险；不借吧，同学一场，又不好拒绝。思忖再三，最后李刚说："你在困难时找到我，是信任我、瞧得起我，但不巧的是我刚刚买了房子，手头一时没有积蓄，你先等几天，等我过几天账结回来，一定借给你。"

有的时候对方可能会因急于事成而相求，但是你确实又没有能力、没有办法帮助他的时候，一定要考虑到对方的实际情况和他当时的心情，避免使对方恼羞成怒，造成误会。

拒绝还可以从感情上先表示同情，然后再表明无能为力。

黄女士在民航售票处担任售票工作，由于经济的发展，乘坐飞机的旅客与日俱增，黄女士时常要拒绝很多旅客的订票要求，黄女士每每总是带着非常同情的心情对旅客说："我知道你们非常需要坐飞机，从感情上说我也十分愿意为你们效劳，使你们如愿以偿，但票已订完了，实在无能为力。欢迎你们下次再来乘坐我们的飞机。"黄女士的一番话，让旅客再也提不出意见来。

先扬后抑这种方法也可以说成是一种"先承后转"的方法，这也是一种力求避免正面表述，而采用间接拒绝他人的方法。先用肯定的口气去赞赏别人的一些想法和要求，然后再表达你拒绝的原因，这样你就不会直接地去伤害对方的感情和积极性了，而且能够使对方更容易接受你，同时也为自己留下一条退路。

一般情况来说，你还可以采用下面一些话来表达你的意见。

"这真的是一个好主意，只可惜由于……我们不能马上采用它，等情况好了再说吧！"

"这个主意太好了，但是如果只从眼下的这些条件来看，我们必须放弃它，我想我们以后肯定是能够用到它的。"

"我知道你是一个体谅朋友的人，你如果对我不十分信任，认为我没有能力做好这件事，那么你是不会找我的。但是我实在忙不过来了，下次如果有什么事情我一定会尽我的全力来支持你。"

……

友善地说"不"，和和气气将其拒绝

业务员的销售技巧里有这么一招：从一开始就让顾客回答"是"，在回答几个肯定的问题之后，你再提出购买要求就比较容易成功。同理，当你一开始对自己说"我做不到"或"我不行"的时候，自己就陷入了否定自我的危机，然后就会因拒绝任何挑战而失去信心。

当然，我们必须努力去做一个绝不说"不"的人，可是，当遇到别人不合理的请求时，我们是否也要委曲求全答应对方呢？

这个时候，你千万不要因为不能说"不"而轻易地答应任何事情，而应该视自己能力所及的范围，尽可能不要明明做不到却不说，结果既造成了对方的困扰，又失去了别人对你的信任。

拒绝别人不是一件什么罪大恶极的事情，也不要把说"不"当成要与人决裂。是否把"不"说出口，应该是在衡量了自己的能力之后，做出的明确回应。虽然说"不"难免会让对方生气，但与其答应了对方又做不到，还不如表明自己拒绝的原因，相信对方也会体谅你的。

不过，当你拒绝对方的请求时，切记不要咬牙切齿、绷着一张脸，而应该带着友善的表情来说"不"，才不会伤了彼此的和气。除了对别人该说"不"时就说"不"，同时对自己也要勇敢地说"不"。

很典型的就是美国电话及电报公司的创办者塞奥德·维尔，他经历过无数次失败之后，才学会了说"不"。

年轻时的他，无论做什么事都缺乏计划性，一事无成地虚度日子，连他的父母也对他感到失望，而他自己也陷入了绝望之中。

20 岁那年，他离家独自谋生时，给自己写了一封信："夜晚迟迟不睡，而玩球或者喝酒，这些事是年轻人不该做的，所以我决定戒除。但是对这决定我应该说什么呢？是不是还照旧说'只这一次，下不为例'呢？还是'从此绝不'了呢？以前已经反复过好几次了。"

维尔最大的野心是买皮毛衣及玛瑙戒指，虽然在当时不能说是太大的奢望，但对他来说是很难做到的。于是他无时不克制自己，以求事事三思而后行。这种坚决的克制态度，使得他由默默无闻的员工升到铁路公司的总经理。

他向别人说"不"的同时，也要向自己说"不"，尤其是创立电话电报这样大型企业的时候，他时时刻刻地说"不"。正因为这样，他才能避免因采用一时冲动的手段而误了大事。

说"不"没什么开不了口的，只要理由站得住脚和对自己有益，就请勇敢地向别人和自己说"不"吧。

先说让对方高兴的话题，再过渡到拒绝

对于他人的话，人们总是表现出情感反应。如果先说让人高兴的话，即使马上接着说些使人生气的话，对方也能以欣然的表情继续听。利用这种方法，可以拒绝不受人喜欢的对象。

有一个乐师，被熟人邀请到某夜总会乐队工作。乐师嫌薪水低，打算立即拒绝，但想起以往受过对方照顾，他不便断然拒绝。他心生一计，先说些笑话，然后一本正经地说："如果能使夜总会生意兴隆，即使奉献生命，在下也在所不辞。"

此时夜总会老板自然还是一副笑脸，乐师抓住机会立刻板起

面孔说："你觉得什么地方好笑？我知道你笑我，你看扁我，不尊重我，这次协议不用再提，再见！"

就这样，乐师假装生气，转身便走。老板却不知该如何应对他，虽生悔意，但为时已晚。

因此，面对不喜欢的对象，要出其不意地敲他一下，以便拒绝对方。若缺乏机会，不妨参照上例，制造机会，先使对方兴高采烈，然后趁对方缺乏心理准备，脸上仍在笑嘻嘻时，找到借口及时退出，达到拒绝的目的。

一位名叫金六郎的青年去拜访本田宗一郎，想将一块地产卖给后者。

本田宗一郎很认真地听着金六郎讲话，只是暂时没有发言。

本田宗一郎听完金六郎的陈述后，并没有做出"买"或者"不买"的直接回答，而是在桌子上拿起一些类似纤维的东西给金六郎看，并说："你知道这是什么东西吗？"

"不知道。"金六郎回答。

"这是一种新发现的材料，我想用它来做本田汽车的外壳。"本田宗一郎详详细细地向金六郎讲述了一遍。

本田宗一郎共讲了 15 分钟之多，谈论了这种新型汽车制造材料的来历和好处，又诚诚恳恳地讲了他明年拟采取何种新的计划。这些内容使得金六郎摸不着头脑，但感到十分愉快。在本田宗一郎送走金六郎时，才顺便说了一句，他不想买他的那块地。

如果本田宗一郎一开始就将自己的想法告诉金六郎，金六郎一定会问个究竟，并想方设法劝说本田宗一郎，让他买下这块地。本田宗一郎不直接言明理由正是如此，他不想与金六郎为此争辩什么。

拒绝对方的提议时，必须采用毫不触及话题具体内容的抽象说法。

日本成功学大师多湖辉说的这个故事发生在20世纪60年代末的学生运动中。某大学的教室里正在上课时，一群学生运动的积极分子闯了进来，使上课的教授手足无措。当着班上学生的面，教授想显示出宽容和善解人意的风度，就决定先听一下学生讲些什么之后再去说服他们。

结果与他的善良想法完全相反，学生们乘势向他提出许许多多的问题，把课堂搅得一团糟，再也上不成课了。并且这之后只要他上课就有激进派的学生出现在课堂上，就这样毫无宁日地持续了一年。

从这一教训中，教授悟出一条法则，即若无意接受对方，最好别想去说服他，对方一开口就应该阻止他："你们这是妨碍教学，赶快从教室里出去，与课堂无关的事，让我们课后再说！"

假如再发生同样的事，教授能否应付？就算他表现出了拒绝的态度，学生也会毫不理会地攻击他吧！如果一点也不听学生的质问，一开始就踩住话头，至少不会给对方可乘之机，也不致弄得一年时间都上不好课！

可见，拒绝之前先说点与拒绝无关的话，这种欲抑先扬的方式，可以给人心里一个缓冲和铺垫，不至于让拒绝显得很直接、僵硬。

巧踢"回旋球"，利用对方的话来拒绝他

拒绝不一定非要表明自己的意思，许多时候，利用对方的话来拒绝他，是更聪明的选择。只要合理地从对方的话语里引出一个合乎逻辑的相同问题，巧踢"回旋球"，让对方"哑巴吃黄连，有苦说不出"。

小李从旅游局一个朋友那里借了一架照相机，他一边走一边摆弄着，这时刚好小赵迎面走来。他知道小赵有个毛病：见了熟人有好玩的东西，非得借去玩几天不可。这次看见了他手中的照相机又非借不可了。尽管小李百般说明情况，小赵依然不肯放过。

小李灵机一动，故作姿态地说："好吧，我可以借给你，不过我要你不借给别人，你做得到吗？"

小赵一听，正合自己的意思。他连忙说："当然，当然。我一定做到。"

"绝不失信？"小李还追问一句。

"绝不失信，失信还能叫人？"

小李斩钉截铁地说："我也不能失信，因为我也答应过别人，这个照相机绝不外借。"

听到这儿，小赵目瞪口呆，这件事也就这样算了。

有很多人会产生这样的想法：难道我们在现实生活中非要拒

绝别人不可吗？我们在拒绝他人时都要采用这些委婉的方法吗？其实这个问题问得恰到好处。

在现实生活中，关于拒绝他人，我们还要注意以下问题。

第一，在日常生活中，我们应该真诚地对待朋友和同学，积极地帮助他们。每个人都应该明白一个简单的道理"平时帮人，拒人才不难"，这种方法主要适用于那些的确违背我们意愿的事情。

第二，如果是由于自己能力或客观原因拒绝对方，我们应该坦诚相对，说明自己的实际情况，同时要积极帮对方想办法。

第三，对于某些情况，直接说"不"的效果更好，特别是对于那些违法乱纪的事情，应持以坚决的态度来拒绝。对于那些可能引起误解的事情，也应该明确自己的态度，否则"当断不断，反受其乱"。此外，由于拒绝不明可能会影响对方，也影响事情的发展方向，所以应该直截了当地拒绝对方。

第四，即使我们掌握了一些比较好的方法，在一般情况下，我们也应该语气委婉，最好还能面带微笑，这样既达到拒绝他人的目的，又消除由于拒绝给对方带来的不快。

顾及对方尊严，让他有面子地被拒绝

自尊之心，人皆有之。因此在拒绝别人时，要顾及对方的尊严。人们一旦投入社交，无论他们的地位、职务多高，成就多大，他们无一例外地都关心外界对自己的评价。由于来自外界评价的性质、强度和方式不同，人们会相应地做出不同反应，并对交际过程及其结果产生积极或消极的影响。通常的规律是：尊之则悦，不尊则怒。也就是说，当得到肯定的评价时，人们的自尊心理得到满足，便会产生一种成功的情绪体验，表现出欢愉乐观和兴奋激动的心情，进而"投桃报李"，对满足自己自尊欲望的人产生好感和亲切感，采取积极的合作态度，交际随之向成功的方向发展。反之，当人们不受尊重、受到不公正的评价时，便产生失落感、不满和愤怒情绪，进而出现对抗姿态，使交际陷入危机。

顾及对方的尊严是拒绝别人时必不可少的注意事项。有这样一个例子：

某校在评定职称时，由于高级职称的名额有限，一位年龄较大的教师未能评上。他听说了这一消息后就向一位负责职称评定的副校长打听情况。副校长考虑到工作迟早要做，便和这位老教师促膝交谈。

校长："哟，老×，什么风把你给吹来了！"

老师："校长，我想知道这次评高职我有希望吗？"

校长："老×，先喝杯茶，抽支烟，我们慢慢聊。最近身体怎么样？"

老师："身体还说得过去。"

校长："老教师可是我们学校的宝贵财富，年轻教师还要靠你们带呢！"

老师："作为一名老教师，我会尽力的。可这次评定职称，你看我能否……"

校长："不管这次评上评不上，我们都要依靠像你这样的老教师。你经验丰富，教学也比较得法，学生反映也挺好。我想，对于一名教师来说，这一点比什么都重要，你说呢？"

老师："是啊！"

校长："这次评职称是第一次进行，历史遗留的问题较多，可僧多粥少，有些教师这次暂时还很难如愿，要等到下一次。这只是个时间问题，相信大家一定能够谅解。但不管怎样，我们会尊重并公正地评价每一位教师，尤其是你们这些辛辛苦苦工作几十年的老教师。"

老教师在告辞时，心里感觉热乎乎的。他知道自己这次评上高职的希望不大，但由于自身得到了别人的尊重，成绩受到了别人的肯定，他能接受那样的结果。用他对校长的话讲："只要能得到一个公正的评价，即使评不上我也不会闹情绪的，请放心。"

这位校长可谓顾及别人尊严的典范，如果开始他就给这位老教师泼一桶冷水，那么后果就不堪设想了。

在社交场合上，无论是举止或言语都应尊重他人，即使在拒绝别人的时候也要顾及对方的尊严。也只有这样，才能赢得别人的尊重。

贬低自己，降低对方期望值，顺势将其拒绝

用自我贬低的方法或者在玩笑的氛围中拒绝他人，不仅维护了别人的面子，也能使自己全身而退。

比如朋友想邀你一起去玩电游，你就可以说："我们都是好朋友了，说出来不怕你们笑话，我学了几年一直玩得不像样，你们看了都会觉得扫兴，为了不影响你们的兴致，我还是不去为好。"又比如说，在同学聚会的时候，你确实不会喝酒，你可以说："我是爸妈的乖儿子，在家里面又没有什么地位，要是喝了酒，那回去后肯定会被我爸揍死的，甚至还会被我妈骂死，你们就饶了我吧。"同时，你还可以说一些其他的事例进行说明，或者找一些比较好的借口来增强这种自我贬低的效果。

在贬低自己的策略中，"装糊涂"是一种特殊形式，即"表示自己无能为力，不愿做不想做的事"，也就是说："我办不到，所以不想做！"

心理学的调查发现，人们的确有在日常生活中故意装糊涂的现象。例如在上班族中，有 20% 的人曾对上司装过糊涂，而 14% 的人对同事装过糊涂。虽然这会导致评价降低，但令人惊讶的是，仍有一成以上的人是在自己有意识的情况下用了这个办法。

上班族会用到"装糊涂"的场合有以下三种。

第一，不愿做不想做的事。

例如像打杂类的工作、很花时间的工作，或单调的工作等。还有像公司运动会之类，这种情形便有不少人会用"我不会呀"或"我对这方面不擅长"等理由，来把不想做的事巧妙地推掉。

第二，拒绝他人的请求。

当别人找上你，希望你能帮他的忙时，你很难直接说"不"

吧！因此便以"我很想帮你，可是我自己也没有那个能力"的态度来婉转拒绝。拒绝别人这种事，很难直接以"我不愿意"这种态度来拒绝，而且可能会让对方怀恨在心。因此，若是用能力，也就是自己无法控制的原因来拒绝（想帮你，可是帮不了）的话，拒绝起来便容易多了。

第三，想降低自己的期望值。

一个人若能得到他人的高度期待，固然值得高兴，但压力也会随之而来。因为万一失败，受到高度期待的人，所带给其他人的冲击性会更大。

因此，借由表现出自己的无能，来降低期望值，万一将来失败，自己的评价也不会下降得太多；相反地，如果成功，反而会得到预期之外的肯定。

"装糊涂"有以下两种实行技巧。

1. 表明自己无能为力

就像前面所说，这招便是表明"我没有能力做那件事，因此我不愿意做"的一种方法。根据工作的内容，"无能"的内容也有所不同。例如：

（别人要求你处理电脑文书资料时）

"电脑我用不好，光一页我就要打一个小时，而且说不定会把重要的资料弄丢！"

（别人要求你做账簿时）

"我最怕计算了，看到数字我就头痛！"用于与自己平日业务无关的业务上。

不过，所表明的"无能"的理由不具真实性，那可就行不通。例如刚才电脑处理的例子，如果是在电脑公司，说这种话谁信？后面那个例子，如果发生在银行，也绝对显得很突兀。平常愈少接触到的工作，说这种话时，所获得的可信度也就愈大。所以要说"我没做过""我做得不好"这些话的时候，一定要具有可信度才行。

2. 将矛头指向他人

这招是接着"表示无能"的用法之后，以"我办不到，你去拜托某某比较好"的说法，来将矛头指向他人的做法。

"我对电脑没办法，不过小王对电脑很熟，你去拜托他看看怎么样？"

"我对计算工作最头大了，小芸应该做得来！"

像这样搬出一个在这方面能力比自己强的人，然后要对方去拜托他就行了。

不只能力的问题，像下面这个例子中的场合也适用。

"我如果要做这件事，恐怕要花掉不少时间。小范好像说他今天的工作量不怎么多！"

只有在大家都知道那个人的确比较胜任时才能用这招。

这个办法有一个问题就是，可能招致那个被你"转嫁"的人的怨恨。想拜托人的人一定会说："是某某说请你帮忙比较好！"对方也就会知道是你干的"好事"。这么一来，那个人心里一定会想："可恶的家伙，竟然把讨厌的事推给我！"

　　尤其当需要帮忙的工作内容是人人都不想做的事情的时候，这种惹来怨恨的可能性就愈高。所以，最好在多数人都知道"某某事情是某某最擅长的"这样的场合才可用此招。

第七章
直拒不如婉拒，拐个弯令对方主动放弃

找个人替你说"不"，不伤大家感情

在拒绝他人的诸多妙法中，有一种比较艺术的方法就是推诿法。

所谓推诿法，就是以别人的身份表示拒绝。这种方法看似推卸责任，却很容易被人理解：既然爱莫能助，也就不便勉强。

有个女孩子是个集邮爱好者，她的几个好朋友也是集邮迷。一天，有个朋友向她提出要换邮票，她不同意换，但又怕朋友不高兴，便对朋友说："我也非常喜欢你的邮票，但我妈不同意我换。"其实她妈妈从没干涉过她换邮票的事，她只不过是以此为借口，但朋友听她这样一说，也就作罢了。

有时为了拒绝别人，可以含糊其词地推托："对不起，这件事情我实在不能决定，我必须去问问我的父母。"或者是："让我和孩子商量商量，决定了再答复你吧。"

这是拒绝人的好办法，假装请出一个"后台老板"，表示能起作用的不是本人。这样做既不伤害朋友的感情，又可以使朋友体谅你的难处。

人处在一个大的社会背景中，互相制约的因素很多，为什么不选择一个盾牌来挡一挡呢？例如，有人求你办事，假如你是领导成员之一，你可以说，我们单位是集体领导，像刚才的事，需要大家讨论才能决定。不过，这件事恐怕很难通过，最好还是别抱什么希望。如果你实在要坚持的话，待大家讨论后再说，我个人说了不算数。这就是推托其辞，把矛盾引向了另外的地方，意思是我不是不给你办，而是我决定不了。请托者听到这样的话，一般都会打退堂鼓。

一个年轻的物资销售员经常与客户在酒桌上打交道，长此以往，他觉得自己的身体每况愈下，已不能再像以前那样喝太多的酒了。可应酬中又是免不了要喝酒的，怎么办呢？后来他想到一条妙计，每当客户劝他多喝点的时候，他便诙谐地说："诸位仁兄还不知道吧，我家里那位可是一只母老虎，我这么酒气熏天地回去，万一她河东狮吼起来，我还不得跪搓衣板啊！"

他这么一说，客户觉得他既诚恳又可爱，自然就不再多劝了。

所以，如果难以开口的话，不妨采取这里所讲的方法，找一个人"替"你说"不"。这样所有的责任都推给别人，对方也不会对你有所抱怨。

你的托词不能损害对方的利益

从对方的利益出发，掌握好说"不"的分寸和技巧，给对方一个能够接受的，并且不会伤害对方的托词十分重要。

随着社会的发展，人与人之间的交往越来越密切，也越来越复杂。我们每个人都希望能够得到他人的关注与理解。因此在职场上，我们要学会理解他人，把握处理事情的分寸，尤其是我们因为各种原因而不能配合对方时，一定要从对方的利益出发，说好托词。

例如，在办公室里，你在拒绝别人请求时，如只是说"我很忙"，对方则会说你不爱帮助别人。所以，拒绝别人时要具体地说明一下理由。

再如，你正忙着整理第二天重要会议的资料时，你的上司走过来对你说："先处理这份文件。"

这时，你可以明确地告诉他自己正在为第二天的重要会议准备资料，然后让上司判断哪个工作更加急迫。

"是这样啊！你正在做的工作不尽快完成可不行，这份文件之后再弄。"

每个人总会有需要别人施以援手的时候，所以，多一个敌人绝对不是什么好事情。虽然我们避免不了拒绝的发生，却可以采取适当的拒绝方式，最大限度地避免因为拒绝而树敌。

经常有人会说出这样的话："这件事情恕难照办""我们每天都一样地工作，凭什么要我帮你的忙"……如果你听到这些话，会是什么反应呢？你会很高兴、很客气地说"既然如此，那我就不打扰你了，对不起"吗？恐怕不会吧。你一定会恼羞成怒地回击对方："你这个人讲话怎么如此无情！难道你一辈子就没求过人吗？"然后拂袖而去。

一般情况下，我们在拒绝别人的时候要注意以下几点。

1. 积极地倾听

当你拒绝别人的请求时，不要随口就说出自己的想法。过分急躁的拒绝最容易引起对方的反感，应该耐心地听完对方的话，并用心弄懂对方的理由和要求，让对方了解到自己的拒绝不是草率做出的，而是在认真考虑之后不得已而为之的。

2. 用和蔼的态度拒绝对方

不要以一种高高在上的态度拒绝对方的要求，不要对他人的请求流露出不快的神色，更不要蔑视或忽略对方，这都是没有修养的表现，会让对方觉得你的拒绝是对他抱有成见，从而对你的拒绝产生逆反心理。拒绝对方要保持和蔼的态度，要真诚。

3. 明白地告诉对方你要考虑的时间

我们经常碍于面子不愿意当面拒绝他人的请求，而是以"需要考虑"为借口来避免直接拒绝对方，其实是希望通过拖延时间使对方知难而退。这是错误的。如果不愿意立刻当面拒绝，应该明确告知对方考虑的时间，表示自己的诚意。

4. 用抱歉的话语来缓和对方的情绪

对于他人的请求，表示出无能为力，或迫于情势而不得不拒绝时，一定记得加上"实在对不起""请您原谅"等抱歉用语。这样，便能不同程度地减轻对方因遭拒绝而受的打击，舒缓对方的挫折感和对立情绪。

5. 说明拒绝的理由

在拒绝他人的请求时，不要只用一个"不"字就想使对方"打道回府"，而应给"不"加上合情合理的注解，以使对方明白，自己的拒绝并非毫无理由，而是确有苦衷。

真诚地说出你拒绝的理由是非常必要的，它有助于你们维持原有的友好关系。

6. 提出取代的办法

当你拒绝别人时，肯定会影响他计划的正常进程，甚至使他的计划搁浅。如果你给他提供一些建设性的意见，则能减轻对方的挫折感和对你的怨恨心理。

7. 对事不对人

你要想方设法地让对方知道你拒绝的是他的请求，而不是他这个人。

总而言之，成功地拒绝别人的请求不仅可以节省自己的时间和精力，还可以免除由不情愿行为所带来的心理压力。但前提是，拒绝时必须不损害对方的利益。

拒绝要真诚，不能敷衍了事

当你不得不拒绝别人时，要想好一些真诚的原因，让别人从心眼里觉得的确是你能力有限从而不得不拒绝。

拒绝总是会让人感到不愉快。委婉拒绝无非是为了减轻双方，特别是对方的心理负担。尤其是上司拒绝下属的要求时，不能盛气凌人，要以同情的态度、关切的口吻讲述理由，使之心服。在结束交谈时，一定要表示歉意。一次成功的拒绝，也可能为将来的重新合作、更深层次的交际播下希望的种子。

从事销售的小刘遇上一位工作狂上司，很多同事都因此而"逃离"了，而她却能始终保持极佳的工作状态，她是怎么做到的呢？

小刘说："一开始我也像他们一样以办公室为家，日日夜夜伏案工作，在我的字典里'休息'这个词似乎早就不存在了。后来我发现，工作狂老板通常有一个思维定式：他们一般疏于考虑自己分配下去的任务量有多少，下属需要花费多长时间可以搞定，他们想当然地认为你应该没问题。所以，以后如果我觉得工作量过大，超出了个人能力所能达到的范畴时，我不会一味投身于工作中蛮干。要知道，不说出来的话，工作狂老板是不会体会到你的负荷已经到了警戒线的。这也不能怪他，每个人的承受能力不同，老板又如何能体会到下属执行当中的难度与苦衷？这个时候，下属应该主动与老板沟通交流。口头上陈述困难或许有故意推托之嫌，书面呈送工作时间安排与流程，靠数据来说明工作过多，让他相信，过多的工作令效率降低。合理正确的沟通会令老板了解你的需求，从而适当调整任务量及完成时间，或选派更多的同仁来帮你分担。"

试想一下，如果小刘怕得罪上司而勉强接受所有任务，到时完不成任务更会受到上司的指责，如果因为自己不事先说明难度，最后又耽误了公司整体事务，罪过就更大了。这种坦诚拒绝的方法不仅适用于上司，也适用于周围的同事。当然，坦诚拒绝也要讲究方式。

当别人向你提出请求时，一定会担心你会马上拒绝自己，或者给自己脸色看。所以，在你决定拒绝之前，首先要注意倾听对方诉说。比较好的办法是，请对方把处境与需要讲得更清楚一些，这样，自己才知道如何帮他。

倾听能够让对方感受到你的尊重和真诚，委婉地向对方表达自己的拒绝，可以避免使对方的感情受到严重的伤害。

倾听的另一个好处是，你虽然拒绝他，却可以针对他的情况，建议他如何取得适当的支援。若能提出有效的建议或替代方案，对方一样会感激你，甚至在你的指引下找到更适当的解决方案。

直接的拒绝只会伤害彼此的感情，而委婉地说"不"却更容易让人接受。当你仔细倾听了别人的要求，并认为自己应该拒绝的时候，说"不"的态度必须是温和而坚定的。

例如，当对方提出的要求不符合公司或部门的规定，你就要委婉地让对方知道自己帮不了这个忙，因为它违反了公司的相关规定。在自己工作已经排满而爱莫能助的前提下，要让他清楚地明白这一点。一般来说，同事听你这么说一定会知难而退，再想其他办法。

拒绝除了需要技巧，更需要耐心与关怀。若只是敷衍了事，这样只会伤害对方。

1. 对领导说"不"时一定要把握好时机

"不管什么事情只要交给安娜，我就放心了。"安娜进公司三年，这是领导常挂在嘴边的话。开始安娜很高兴，但时间一天天过去，交给她的任务越来越多。"安娜，这个方案你盯一下。""安娜，这个客户恐怕只有你能对付。""安娜，上海的那个项目人手不够，你顶一下。"老总为某事抓狂时，必会打开房门大叫安娜。

安娜手里的事情多到加班加点也做不完，可周围有些同事却闲得很，薪水也并不比她少多少。安娜想，也许自己再忍一忍就会有升职的机会。然而，机会一次次地走到了她面前却又一次次地拐了弯。后来，安娜从人事部的一位前辈口里得知，关于她升职的事中层主管讨论过很多次了，每次都被老总否决了，说安娜虽然业务能力不错，但管理能力不足，需要再锻炼锻炼。

安娜很气恼，回家跟丈夫抱怨。丈夫居然也说："如果我是你们老总，我也不会升你的职。一个不懂拒绝的人，怎么去管理别人？"安娜仔细想了想，觉得这话真的很有道理。

往后，当老总给她加工作量时，安娜鼓足勇气说："我手里有3个大项目、10个小项目，我担心时间安排不过来。"老总一听，脸立刻变了色："可是，这个项目只有你去做我才放心。"

"那好吧，我赶一赶。"说完这句话，安娜恨不得咬掉自己的舌头。看到老总的脸，一个大胆的念头突然冒了出来："不过，要按时保质完成，我需要几个帮手。"安娜轻描淡写地说。老总惊讶地看着她，继而笑着说："我考虑一下。"

原来安娜想，如果老总答应给自己派助手，就相当于变相给自己晋升，自己的工作也有人可以分担了；如果不答应，老总也不好把新任务硬塞给自己了。

果然，老总再也没提过加派新任务的事，还破天荒地经常跑来关心安娜的工作进展，并叮嘱她有困难就提出来、别累坏了身体，等等。

当领导把砖头一块块地往你身上叠加时，他也并不是不知道砖头的重量，但是他知道把工作加给一个不懂拒绝的人是件再省心不过的事。你不要因此就梦想你理所当然比别人薪水更高或升迁更快。

有的时候，你并不需要大张旗鼓地拒绝领导，只需要摆出自己的难处，领导也不会觉得你的拒绝很过分。要拒绝领导，就必须告诉他你在时间或精力上的困难，让他明白你不是超人。

2. 不想加班，就必须找个恰当的理由

"世界上最痛苦的是什么？加班！比加班更痛苦的是什么？天天加班！比天天加班更痛苦的是什么？天天无偿加班！"这些关于加班的种种看似戏言和怨言的说法，在调侃之余，也真实地反映了职场中人的生活和工作现状，因为加班已经成为他们生活中的必要组成部分。

身在职场，加班是很多人最痛恨的一件事。面对领导要求的加班，做下属的就只能听之任之吗？是不是也可以找到合适的理由，既不得罪领导又能够少受一点加班之苦呢？

小李和女友相识三周年的纪念日就在这个周五，可是当离下班还有 10 分钟时，小李看到了部门领导在 MSN（一种可用于工作的聊天工具）上呼叫："今天晚上留下来吃饭，约好了一位客户谈目前这个项目的事情。"顿时，小李不知所措。

小李肯定是不想错过今天这个重要日子里的约会的，但是，他又不能得罪领导。他琢磨了一会儿，心想凭着自己几年来和领导的关系，再加上自己幽默风趣的性格，相信领导能够放他一马。于是小李通过 MSN 和领导说："本人是公司著名的妻管严，地球人都知道。要不是为了她，俺哪敢和领导讲条件，再说俺要敢放俺那口子鸽子，俺可能会有生命危险。"等了一会儿，MSN 上传来了领导的回复："你不用加班了，这事我来做，你去陪你的女朋友吧，代我向她问好！"

看到这句话，小李以最快的速度关掉电脑，拎起包飞奔出了办公室。

"适者生存，不适者淘汰"已成为企业中很多人士坚定不移的座右铭，也是上班族命运的真实写照。虽然如此，但每个人的生活中除了工作中的 8 个小时，还有亲情、友情、爱情需要去维护，若因为工作而将其他的统统放弃，实在是得不偿失。而要实现这一目标，就需要多学一些拒绝的技巧。小李的做法也许并不适合每一个人，但也不失为一种借鉴。其实，每个人在拒绝加班时都可以找到恰当的理由，让 8 小时以外的时间真正属于自己。

3. 巧借打电话，逃离酒桌应酬

当单位里有应酬时，领导总想把自己喜欢和信任的下属带去"陪酒"。得到领导的赏识是一件好事，但有时候确实不愿意去，这时你该怎么办？如果贸然拒绝领导的好意，就很容易把领导得罪了。如何逃离酒桌应酬，又能让领导理解呢？

　　小王是一家杂志社的采访部主任，本来谈广告业务的事和她没有什么关系，但多年的打拼让她成了交际"达人"，再加上大方、稳重的气质和漂亮的外貌，主编每当面对大客户时都会想到她，让她作陪。

　　但小王对这类应酬是很不情愿的，因为下班后她希望能多陪陪孩子和丈夫，享受家庭的幸福生活。几次应酬之后，小王觉得不能再这样下去了，必须想个方法逃离酒桌。当主编又一次要带小王去见客户的时候，小王并没有当面拒绝主编，而是爽快地答应下来。

　　晚上，小王如约前往。酒桌上，小王看出这次的客户确实来头不小，而且对他们的杂志比较认可。陪客人的除了她和主编外，还有杂志社的投资人以及广告部的主任。小王不知道自己的到来是否能起到作用，但她还是不辱使命，施展着自己的交际才华。时间过去了大约半个小时，小王的电话响了起来，于是小王离桌去接电话。一会儿，小王回来，焦急地和主编说，自己的好朋友谢菲打来电话，说她得了急性阑尾炎，而其家人又不在身边，需要她去照顾一下。主编和在座的各位一看到这种情况，就马上答应了，让小王赶紧去。

　　就这样，小王一边说着抱歉的话一边急匆匆地离开了。

　　出门后，她给好友发短信："终于逃离了，谢谢你哦。是你的'阑尾炎'救了我！"

　　相信很多人都有同感。那些特别注重家庭生活的都市白领，都希望自己能够和家人共进晚餐，享受其乐融融的家庭氛围，而不是去酒桌旁陪客户、陪领导。在工作与家庭之间，在薪水与面子面前，他们往往不能按照自己的意愿行事，哪怕勉为其难也得将就着。不过，有些时候还是可以利用一些巧妙的方法，将那些自己不喜欢的应酬统统甩掉。就如小王这样，运用打电话救急，也不失为一个好办法。

4.巧妙应对，避开另类"骚扰"

身在职场，很多女性都容易遭遇一个比较普遍的问题——性骚扰。在工作场合，骚扰有时候来自领导。该怎样去应对骚扰而又不得罪领导呢？

一次公司聚会后，伊茜发现老板罗伯特有点问题。饭后伊茜要回家，可罗伯特说要去唱歌，并且一个都不许走，其他同事都赞成，伊茜也不好反对。伊茜因为喝了点酒有点头晕就靠坐在沙发上，偶尔为他们选一些歌。罗伯特坐在离伊茜不远处，突然在和伊茜说话时用手轻轻地划了一下她的脸，伊茜想罗伯特可能喝醉了，于是离他更远了一些。终于一曲完了，伊茜准备回家，没想到他跟着伊茜离开了。电梯里只有他俩，罗伯特抱住伊茜说："亲一个！"伊茜说不行。这时电梯停了，进来几个人，他只好放开伊茜。

后来伊茜想他大概是喝醉了，自己以后不再参加这种聚会就是了。可没过几天，罗伯特的秘书很神秘地对伊茜说，后天还有个聚会，大家都得参加。伊茜心里暗暗叫苦，麻烦来了！伊茜后来找了一个理由，才躲了过去。然而，这几天罗伯特总是有意无意地来到伊茜的办公室，伊茜只好跟他谈工作的事。但他总是有意无意地把话题往别的方面引，伊茜思前想后终于想出了一个主意。由于伊茜和罗伯特的妻子是老同学，于是伊茜周末约罗伯特的妻子一起打牌、游泳，他知道这些事后，便不再骚扰伊茜了。

遇上想占便宜的领导是职场女性最烦恼的事，因为处理不好的话便会丢掉工作和声誉。案例中的伊茜在对付领导的性骚扰方法得当，巧妙地保护了自己，值得职场女性学习。

助你驰骋商场的实用技巧

当做业务的你没法满足顾客所提出的要求时，不要直截了当说"不"，因为这样会伤害顾客，进而失去很多潜在的顾客。为了让顾客心理平衡，要找好托词，于无形中驳回顾客的要求，这样即使交易失败，也会赢得顾客的好感，进而为自己留住潜在顾客。

顾客就是上帝，在销售场合中，当我们需要否定顾客的意见时，应尽量避免使用"不""不行""办不到"等词语。可是如果必须说出这些字眼时，就要找到适当的托词，并且予以顾客另外的补偿，以使他心理平衡，从而让他对你产生好感。

1. 提出建议，介绍新去处

假如你的商品已售完，可以向他介绍其他有这种商品的地方。这种处处为顾客着想的做法可以提升你的形象，从而赢得顾客的再次光临。

"真抱歉，这种商品正好卖完了。您来看看这种，或许正是您所需要的。"

"真是很不好意思，我找遍了都没有找到您所需要的尺码，这样吧，您明天再过来，我提前给您准备好。"

"您来得真是不凑巧，我们这儿正好没有这种商品了，您可以去某店，那里很可能有。"

做出否定回答的同时，给顾客提出建设性的建议，也就相当于他在你那里得到了需要的满足，可以留给他一个好印象。

2. 补偿安慰拒绝法

当在价格上无法接受顾客提出的要求时，若断然予以否定会破坏推销的气氛，打击顾客的购买欲，甚至可能惹恼顾客，从而导致交易失败。为避免这种情况发生，推销员在拒绝顾客的时候，应在其可以承受的范围内予以适当的补偿，并以此来满足顾客想买到便宜货的心理。

"价格不能再降了，这样吧，在价格上您做一些让步，我给您再配上一对电池，怎么样？"

"抱歉，这已经是全市的最低价了，要不这样，我们免费给您送货，如何？"

在商品本身以外给予一定的利益，以此来拒绝顾客减价的要求，使交易不至于因为遭到否定而中断。

3. 寓否定于肯定中

顾客的要求假使你满足不了，你的拒绝中并没有包含任何一个否定的词语，而顾客却能听出你的弦外之音。这种方法让你的否定含义隐含在肯定句中，顾客一听就可以明白，既可以避免顾客的难堪，也不会使人觉得你的拒绝很唐突。

"周经理，光天化日之下您这是要抢劫啊！"（笑着说）

"您开出的价格有点那个，您看是不是……"

在肯定句中包含否定的意思，指出顾客的要求有欠妥当之处，像这样软弱的否定一般不会轻易伤害顾客的自尊心，并比较容易被顾客所接受，从而也能使交易顺利地进行下去。

对于那些不论产品质量如何，看到价格就先"砍一半价"的消费者，推销员应该不卑不亢，学会拒绝。

消费者："这东西是很好，不过价格太贵了，便宜点吧。"

推销员："不好意思，这是公司定的价格，我们是不能随意改动的，公司有规定既不允许我们故意抬高价格来欺骗顾客，也不准我们随便打折。说实在的，我们公司的产品从来不在品质上有水分，因此在价格上也从不打折。"

这样既可以表明产品在质量上的可靠性，说明它物有所值，同时也向顾客说明了产品的价格是很合理的，也是比较便宜的，所以不可能再降了。

对于那些比较善"缠"的顾客则可以使用"重复"的说服方法，坚守"不"的立场，把握住"好货不便宜"的消费心理，你越是不降低价钱，就越能证明你的商品好，不愁没人要。当然用这种方法要慎重，态度不能过于强硬，否则会把消费者吓跑。

消费者："做生意灵活些嘛，你做些让步，我给你再加点钱，咱们就成交了嘛。"

多数时候这是消费者希望推销员能够降价的最后尝试了，这时推销员一定要更加耐心、诚恳地对待你的准客户。

推销员："实在抱歉，我们的售价就是这样了，质量上乘的产品价格都是不便宜的。如果价格低，但是产品不好，不是欺骗消费者吗？"

这种重复说"不"的方式，能够加深顾客认为你推销的商品质量好的印象，相信这样一来他一定不会再在价格上为难你了，只要是好东西，即使多花一点钱，那么消费者从心理上也是可以接受的，并且有踏实的感觉。学会说"不"并善于利用"不"，你就一定不会再让价格成为你推销的障碍了。

先发制人，堵住对方的嘴

当别人向你提出邀请或其他请求时，总是希望能够被顺利接受。一旦话说出来，你再直接拒绝，会使对方误解你"不给面子"，因而对你产生不满的情绪。

面对这一情形，以守为攻、先发制人是拒绝别人的一个上策。在对方尚未张口前已猜到对方的意思时，你先表达自己在这方面有所不便，以堵住对方之口。因为对方并未明说他的意愿，所以这种拒绝不至于令双方难堪或尴尬。

请看下面一则事例：

小张负责某项目的招投标工作，小张的一位朋友来到小张家，这位朋友正有意参加相关工程投标。

小张已知其意，于是灵机一动，在朋友刚一进家门还来不及开口时，就立刻说："你看，你好不容易来玩一玩，我都没有空陪你，最近实在太忙了，连吃饭的时间都抽不出。"对方一听这话，赶紧搪塞几句，再也不好意思开口相请。

由此看来，运用先发制人这一招，重在掌握"先"机，自己已经深知对方将要说的话或要做的事情，就应抢先开口，把对方的意思提前封锁在开口之前。这样就能牢牢掌握在与人交际中的主动权，达到巧妙拒绝对方的目的。

再比如接到一个经常找你帮忙的朋友的电话，他一开口便问你："最近忙不忙？"如果此时回答"不忙"或"还好"，那么他的下一句自然就会转到正题上来。于是此时你可以这样回答："忙啊！最近忙得连休息的时间都没有了，每天加班到凌晨，快累垮了。"

听你这么一说，对方自然清楚你是帮不上忙了。而且因为你采取的是提前声明的方法，所以根本不存在拒绝一说，对自己、对对方来说，都不会存在面子过不去的问题。

总之，当你无法满足别人的请求，而又不能或无须找任何借口时，就用"先发制人"的方式，堵住对方说出请你帮忙的话，这样一来，你也就不用为如何拒绝而苦恼了。

绕个弯再拒绝

断然拒绝别人可以显得一个人不拖泥带水，但对遭到拒绝的人来说，却是很不够义气的。聪明人这时会绕个弯，不直接说出拒绝的话，而让对方明白他的意思。

1799 年，年轻的拿破仑·波拿巴将军在意大利战场取得全胜凯旋。从此，他在巴黎社交界身价倍增，也成为众多贵妇青睐、追逐的对象。

然而，拿破仑对此并不热衷。可是，总有一些人紧追不放，纠缠不休。当时的才女、文学家斯达尔夫人，几个月一直在给拿破仑写信，想结识这位风云人物。

在一次舞会上，斯达尔夫人手上拿着桂枝，穿过人群，迎着拿破仑走来。拿破仑躲避不及。于是，斯达尔夫人把一束桂枝送给拿破仑，拿破仑说道："应该把桂枝留给缪斯。"

然而，斯达尔夫人认为这只是一句俏皮语，并不感到尴尬。她继续有话没话地与拿破仑纠缠，拿破仑出于礼貌也不好生硬地中断谈话。

"将军，您最喜欢的女人是谁呢？"

"是我的妻子。"

"这太简单了，您最器重的女人是谁呢？"

"是最会料理家务的女人。"

"这我想到了，那么，您认为谁是女中豪杰呢？"

"是孩子生得最多的女人，夫人。"

他们这样一问一答，拿破仑也达到了拒绝的目的。斯达尔夫人也知道拿破仑并不喜欢自己，于是作罢。

小王毕业以后分到一个小公司打杂，开始很失意，成天和一帮哥们儿喝酒、打牌。后来逐渐醒悟过来，开始报名参加等级考试。

有一天晚上，他正在埋头苦读，突然一个电话打过来叫他去某哥们儿家集合，一问才知道他们"三缺一"。小王不好意思讲大道理来拒绝他们的要求，也不想再像以前没日没夜地玩了，便回答说："哎呀，哥们儿，我的酸手艺你们还不清楚啊，你们这不是成心让我'进贡'嘛，我这个月的工资都快见底了。这样吧，一个小时，就打一个小时，你们答应我就去，不答应就算了。"一阵哄笑后，对方也不好食言，后来他们都知道小王已经另有他事，也就不再打扰了。

绕着弯拒绝别人，是讨人喜欢的一种说话方式。但绕弯必须做到不讨人厌，也就是说必须巧妙，三言两语能够把拒绝的意见表达出来。如果绕了半天，对方还是一头雾水，那就弄巧成拙了。

艺术地下逐客令，让其自动识相而归

有朋来访，促膝长谈，交流思想，增进友情是生活中的一大乐事，也是人生道路上的一大益事。宋朝著名词人张孝祥在跟友人夜谈后，忍不住发出了"谁知对床语，胜读十年书"的感叹。然而，现实中也会有与此截然相反的情形。下班后吃过饭，你希望静下心来读点书或做点事，那些不请自来的"好聊"分子又要扰得你心烦意乱了。他唠唠叨叨，没完没了，一再重复你毫无兴趣的话题，还越说越来劲儿。你勉强敷衍，焦急万分，极想对其下逐客令但又怕伤了感情，故而难以启齿。

但是，若你"舍命陪君子"，就将一事无成，因为你最宝贵的时间，正在白白地被别人占有。鲁迅先生说："无端地空耗别人的时间，无异于谋财害命。"任何一个珍惜时间的人都不甘任人"谋财害命"。

那要怎样对付这种说起来没完没了的常客呢？最好的办法是：运用高超的语言技巧，把"逐客令"说得美妙动听，做到两全其美；既不挫伤好话者的自尊心，又使其变得知趣。要将"逐客令"下得有人情味，可以参考以下方法。

1. 以婉代直

用婉言柔语来提醒、暗示滔滔不绝的客人：主人并没有多余的时间跟他闲聊胡扯。与冷酷无情的逐客令相比，这种方法容易被对方接受。

例一："今天晚上我有空，咱们可以好好畅谈一番。不过，从明天开始我就要全力以赴写职评小结，争取这次能评上工程师。"这句话的含意是：请你从明天起就别再打扰我了。

例二："最近我妻子身体不好，吃过晚饭后就想睡觉。咱们是不是说话时轻一点？"这句话用商量的口气，却传递着十分明确的信息：你的高谈阔论有碍女主人休息，还是请你少来光临为妙吧。

2. 以写代说

有些"嘴贫"（北京方言，指爱乱侃）的人对婉转的逐客令可能意识不到。对这种人，可以用张贴字样的方法代替语言，让人一看就明白。有一位著名的科学家，在自家客厅里的墙上贴上了"闲谈不得超过三分钟"的字样，以提醒来客：主人正在争分夺秒搞科研，请闲聊者自重。看到这张字样，纯属"闲谈"的人，谁还好意思喋喋不休地说下去呢？

根据具体实际情况，我们可以贴一些诸如"我家孩子即将参加高考，请勿大声喧哗""主人正在自学英语，请客人多加关照"等字样，制造出一种惜时如金的氛围，使爱闲聊者理解和注意。一般地，字样是写给所有来客看的，并非针对某一位，所以不会令某位来客有多难堪。

3. 以热代冷

用热情的语言、周到的招待代替冷若冰霜的表情，使好闲聊者在"非常热情"的主人面前感到今后不好意思多登门。爱闲聊者一到，你就笑脸相迎，沏好香茗一杯，捧出瓜子、糖果、水果，很有可能把他吓得下次不敢贸然再来。你要用接待贵宾的高规格，他一般也不敢老是以"贵客"自居。

过分热情的实质无异于冷待，这就是生活辩证法。但以热代冷既不失礼貌，又能达到"逐客"的目的，效果之佳不言自明。

4. 以攻代守

用主动出击的姿态堵住好闲聊者登门来访之路。先了解对方一般每天几点到你家，然后你不妨在他来访前的一刻钟先"杀"上他家门去。于是，你由主人变成客人，他则由客人变成主人。你从而掌握交谈时间的主动权，想何时回家，都由你自己安排了。你"杀"上门的次数一多，他就会让你给黏在自己家里，原先每晚必上你家的习惯也很快会改变。一段时间后，他很可能不再"重蹈旧辙"。以攻代守，先发制人，是一种特殊形式的逐客令。

5. 以疏代堵

闲聊者用无聊的嚼舌消磨时间，原因是他们既无大志又无高雅的兴趣爱好。如果改用疏导之法，使他们有计划要完成，有感兴趣的事可做，他们就无暇光顾你家了。显然，以疏代堵能从根本上消除闲聊者上门干扰之苦。

那么，我们该怎样进行疏导呢？如果他是青年，你可以激励他："人生一世，多学点东西总是好的，有真才实学更能让你过上好生活，我们可以多学习学习，充实充实自己。"如果他是中老年人，可以根据他的具体条件，诱导他培养某种兴趣爱好，或种花，或读书，或练书法，或跳迪斯科。"老张，您的毛笔字可真有功底，如果再上一层楼，完全可以在全县书法大奖赛中获奖！"这话一定会令他欣喜万分，跃跃欲试。他一旦有了兴趣爱好，你请他来做客也不一定能请到呢！

向各种难缠的推销说"不"

"推销"这个词，我们每个人都不陌生，并又深受其扰。尤其是从事保险推销、电话推销、街头推销的推销员，严重干扰了我们的正常生活。

虽然有时候，基于对他们的尊重或者理解，我们也愿意停一下脚步，客气地拒绝保险推销员的好意，在接到促销电话时礼貌地说上几句再挂断，也愿意微笑着接过街头推销员的产品或传单、广告。

但是，面对有些推销，如果不能做到当断不断，就会给我们的生活带来很多麻烦。有时候，在生活中我们容易碰到这样的情况，你去那些美容美体美发的店铺消费，就会受到她们一边给你服务，一边向你推销这个项目、那个产品的骚扰。

他们甚至以专家自居，说你的皮肤都有什么什么样的问题，发质又是如何粗糙……有时候，他们甚至光顾着推销产品，而忽略了要做好手上的活。结果是，原本想享受、放松生活的你，心里憋了一肚子的气，真想以后再也不来了。

李鹏在商场遇到向自己推销健身卡的销售员，"安静，别跟我说话。"他用坚定的态度拒绝了对方。如果这种强硬的语气不好开口，也可以换一种方式。"做完这张卡，好的话我可以考虑，OK？""好呀！这样吧，咱俩做个交易，我做杂志的，卖广告，你能说服你们老板买我们广告版面，所得的提成，我分一半给你，另一半我买你的产品。""可以啊，我卖保险，你买我的，我买你的。""我加这个项目，他们给你多少提成？……就这点儿？你口才这么好，干脆帮我们卖礼品卡去，一张卡 150 元提成。"

其实，要拒绝别人光是说"不"是不够的，还得要有充分的理由才能让对方闭嘴。怎么办呢？绝对不能支支吾吾或总以没带够钱、没带卡或赶时间来拒绝，因为对方下次还会继续。必须严词拒绝！说自己不想加项目加产品，别再跟自己推销了，浪费口舌！

上面所说的销售属于陌生人之间的销售，还好拒绝。而保险推销则是位于各大难缠推销之首，主要是因为他们大多是亲戚、同事的推销，大多数人为了不伤情面，才难以拒绝。

有时候，我们因为某个保险推销员亲戚的邀请而去参加关于保险的讲座。尽管听完讲座，我们并没有完全弄清楚所介绍的保险产品到底有什么用，只是笼统地知道每年缴纳 1 万元保险费，缴满 5 年，每年可以分红，并在被保险人年满 75 岁后，退还所有保险金。这时候，再加上亲戚和亲戚同事的鼓动，一个劲儿地在你身边说这个保险多好多好，碍于情面，我们就答应买了。

而过了一段时间后，我们会发现，亲戚当初介绍的这个保险并不如当时保险公司讲座所说的那么"合算"，就有些反悔，便想解除保险合同。可此时，往往已经过了保险合同签收之后的 10 天犹豫期，若解除保险合同，损失不小。

其实，像这种"人情保单"的情况在各大保险公司都是很普遍的现象。我们容易因为熟人的介绍或推动，而去购买一份保单。

而我们人生的第一份保单，大多都是在顺应人情的状况向熟人或朋友介绍的人购买。

"人情保单"之所以让人困扰，是因为难以拒绝。如果坚持不买，会赔掉友情或亲情。更多的情况是，就算知道自己真的不需要新增保单，却不知道如何拒绝才能兼顾情谊和自己的荷包。

那么面对这种难缠的"人情保单"，我们到底该怎么做呢？保险业务员通常会说："就差你一张，我这个月业绩就达成了，支持我（或是我妈妈）一下吧！"作为消费者，如果并不愿意买这"帮忙的最后一张保单"，可以这么说："我们家庭支出都控制在老婆（或老公）手上，我没办法决定呢。"或说："我上周才跟亲戚买了新保单，暂时不需要，实在抱歉。"

其实，消费者只有充分了解保险商品，才能避免被"人情保单"攻击，而且是了解得越多，越容易拒绝不适合自己的保单，又不容易伤情面。

王小姐想买重大疾病险，王妈妈介绍了一个做保险营销员的老同学给女儿。挑选好产品后，营销员建议王小姐将这份重疾险保额定到 50 万元，说万一生大病，可以缓解以后的经济压力。王小姐觉得不合适，自己购买重疾险，保额规划依据主要是治疗费用预估，而经济压力的需求是靠自己原先的一份足额定期寿险和意外险来解决的，并不需要重疾险额度那么高。最终，王小姐将自己的想法和那位营销员沟通后，最终达成了一致意见，设计了 20 万元保额的重疾险，大家都很高兴。

然而最让人头痛的人情保单，是完全不顾投保方的需求，一味抬出人情压力，以便达到做业绩的目的。

业务员经常会向亲友施压："我平常在生意上帮你这么多，你就支持一下我的小孩吧！""自己哥哥做保险，家人如果都不保，他出去怎么谈保险？！"退一步看，面对这类推不掉的人情压力，怎么办？如果真的推不掉，一定得买，可以先选择买一份"简单、便宜"的保单。

比如，可以在自己和家人出境旅游前，向推销人情保单的业务员买一张旅游意外险保单，借此表达对他的支持。因为这类保险产品花费较少，既能兼顾情谊，同时也可以测试一下对方的服务水准，作为将来是否进一步往来的参考。

总之，如果不想浪费钱买自己并不需要的，或不适合自己的"人情保单"，我们就需要在掌握真实的自我需求的同时，坚定地对他们说"不"。如果非得捧场，那么，对方专不专业、自己需不需要就不再是考虑的重点。建议不妨从精挑保险险种下手，以避免为了应付人情，反而让自己陷入财务泥沼。

第八章
挺起自己的脊梁骨，拒做职场「受气包」

对不合理的加班说"不"

古人说，有所不为才能有所为。这个"不为"，就是拒绝。

我们所做的拒绝其实就是我们的一种选择，拒绝如同选择一样是我们的一种权利，就像说生存是一种权利一样。人们常常以为拒绝是一种迫不得已的防卫，殊不知它更是一种否定性的主动的选择。但是令人担忧的是，很多人不懂得拒绝是他们的权利，更是很少行使这个权利。

我们在初入职场，面试的时候，大多数面试官或者经理会信誓旦旦地保证："我们不会加班，即使加班也是极少数情况，并且我们有加班费。"拿着一百个放心，你加入了你期待已久的那个公司。

但是，慢慢地你会发现，事情永远不会向你想象的方向发展。当然，现在是一个飞速发展、竞争激烈的时代，在千千万万个小公司中，不加班的公司已经很少见。一般来说，若是合理的范围内的加班，我们作为公司的一分子，有义务来承担这份责任。但是如果你正是那个身在小公司打工的一分子的话，而你恰恰又不想加班，只想做一个能够正点回家、享受自己的小幸福的人，面对那些不合理的加班时，又该怎么办呢？

我们可以合理利用好每天下午下班之前的一两个小时，向老板询问有没有临时的工作安排。恰当的语言和语气对我们能否达到目的起着至关重要的作用，我们应该这样对老板说："老板，我今天想要正点下班，请问您这里有需要临时处理的文件吗？"

切记，我们在向老板询问的时候，千万不能使用探询的语气，一定要坚持住自己的立场。如此，不但让老板觉得自己得到了应有的尊重，而且在维护你正点下班这一权利的同时，还留下了可以协商的余地。

除此之外，你还可以说自己手里面有很多没有做完的工作，用工作来推工作。这是一种比较睿智的方法，不仅能推掉多余的工作，而且能向老板表现你的勤奋和积极。当工作如潮水一般涌来的时候，告诉老板，你手头正在处理的这件事情非常紧急，或者还有更为重要的事情等着你去办。问清楚老板交给你的临时任务需要什么时候上交，然后问老板自己可否带回家去做。如此，就可以避免你在办公室加班了。而且，老板一般也不会铁石心肠到非要你带回家去做的程度，他很有可能把这项任务交给其他人去做。

对于那些不近人情，不管你说什么还是要你加班的老板，可以采用严词拒绝的态度，用劳动合同和国家法律来当武器，为自己拒绝加班找到理论依据。之所以选择这样一种方法，就是要你向老板传达一个明确的信息——你不是随时随地都会无条件地答应加班。当然，这一原则所带来的危险性一目了然，你很有可能"炒了老板鱿鱼"。所以，若非身处严格按照章程办事的大公司，那这一招还是少用为妙。否则，你还得辛辛苦苦地寻找下一个饭碗。

但是，如果是因为平时工作不积极、工作效率低，在规定的工作时间里无法像大多数人一样完成工作任务，那么只好留下来加班。对于这样的情况，我们需要的不是勇敢地拒绝加班，而是自我反省。

我们拒绝加班的前提不是毫无根据的，而是在对工作尽心尽力的前提下的，所以说必要的加班还是要接受的。

面对老板的时候，要做到不卑不亢，才能保证自己的合法权益不受侵犯，才能游刃有余地和老板和谐相处。加班固然是我们都不愿意看到的，面对不合理的加班，我们要学会勇敢地拒绝。

向靠得太近的下属说"不"

很多人认为管理者跟下属打成一片是与下属最好的相处之道，这样做固然会在人际关系中处于优势，却也带来了一些负面影响，在必要的时候我们却很难向下属说"不"。随着你与下属关系的亲近，下属在平时的工作中更容易替你着想，这样在无形中促使他们尽力把事情做好，省去了一些催促、解释的麻烦。而当我们与下属距离过远时，难免给下属造成你总是高高在上的感觉，这样会造成你对下属的约束力和感召力都不会太强。最终，当我们向下属下达指令时，下属只是迫于上级的压力来做这件事，他们的执行力远远达不到你的要求。

孔子说："临之以庄，则敬。"意思是说，威严地对待别人，就会得到对方的尊敬。领导者和下属的关系始终是一种工作上的上下级关系，所以总要保持一定的距离才能发挥领导的职能。

遗憾的是有些管理者不善于掌控距离，与下属交往有失分寸，这便犯了大忌。没有了距离就没有了威严。如果一个领导整天和下级哥们儿义气一般地你来我往，往往在涉及原则的时候就会碍于情面不好意思执行，但是这个时候就会形成对下属的纵容，长此以往必出大乱子。

李先生和李太太共同创业多年，支撑起了一个企业。李先生一直对一个他认为非常"优秀、有潜质"的中层小王非常看好。小王今年只有24岁，他来到企业有大半年的时间，事事亲力亲为，经常给李先生提出一些建设性的点子，对公司忠心耿耿。李先生已经把采购、人事这些重要工作都交托给他了，最近还想把财务也交给他。

李太太却对小王有着不同的看法。李太太发现和这个年轻人沟通起来很累，因为他非常固执，很难听进去别人的意见。李太太觉得老公太宠这个员工，有偏袒及纵容的倾向。

终于有一天，小王因为自作主张而导致一个重要客户流失，使公司前期做的大量工作付诸东流。过往创业的成功让李先生太迷信自己的经验，认为只有靠和员工亲密才能凝聚起一个团队。可是，当核心工作从开创转变为管理的时候，亲密度必须有所下降才可以。关心员工是没错，但如果没有限制地越走越近，如果哪一次不能满足下属的需要时，关系就会急速恶化。

所以说在企业管理中，管理者与员工距离太远，则无法施加影响力；和员工距离太近又容易丧失原则，不利于企业管理。因此，一个成功的管理者一定要与下属保持适当的距离。

其实，最好的管理者都是一座孤岛，能够跟下属保持恰当的距离，这座孤岛，是一座只能与其他岛相通，但不能与其他岛相连的孤岛。因为它一旦与其他岛相连，这座岛就会失去它自身的独立性，容易受各色人等左右。

作为一名管理者，同人类所有的属性一样，如果我们想得到一些东西，就注定要舍弃一些东西。"冷酷无情"有时候是一个管理者必备的素质。"保持一定距离"，众所周知是法国前总统戴高乐将军的座右铭。戴高乐对待自己身边的顾问和参谋们始终恪守这一原则。在他任总统的十多年里，他的总秘书处、办公厅和私人参谋部等顾问及智囊团，很少有人工作年限超过两年以上的，何以如此？

在他看来，调动是正常的，不调动是不正常的。因为，只有调动，才能保持一定的距离。而唯有"保持一定距离"，才能保证顾问和参谋们的思维和决断的新鲜和充满朝气，也就可以杜绝年长日久的顾问和参谋们利用总统和政府的名义来营私舞弊的恶果。

虽然戴高乐的做法似乎有些不近人情，但是他自己也一定曾经忍受了很多常人无法想象的孤独。为了营造一个公平干净的环境，他牺牲了很多与人亲近的机会，却换来了集体强大的工作效率。

跟随自己时间久了的老部下，相互之间彼此了解并随随便便，这有时会让下属做事的时候自作主张，耽误大事。自己偏爱的有专长的下属可能因为你的过度赏识而有恃无恐，出了事也等你出面包庇。身处管理层，作为领导者，其职责就是领导集体取得工作上的成绩，如果一个领导失去了公正和公平，对某几个下属过于亲近，就会不自觉地疏远其他人，那么他所得到的信息就将是片面的，也会招来其他人的猜疑，认为领导必然偏向自己喜欢的那几个身边人，长期下去，团队的工作积极性就会受到影响，导致一些矛盾的激化。

关系过分密切，就容易流于庸俗。凡是成功的上级都应该注意与下属"保持距离"。还是那句话，你作为一名管理者，注定只能是一座孤岛，在近与远的权衡中寻找最恰当的位置，做到既不与下属过于亲密，也不与下属距离太远。

所以，每个管理者都要学会向那些离我们距离太近的下属说"不"。

委婉拒绝下属提出的不合理加薪要求

我们身为社会的一分子，每天除了吃饭、睡觉，就是工作。

工作于每个人来说是生存于世之本，而薪水的高低更是在某方面衡量一个人价值高低的标准，所以我们每个人都希望自己的薪水越高越好。当然，这是每一个员工的想法，如果换成公司的领导者，显然就站在了员工的对立面。

作为公司的领导层，经常会遇到员工提出加薪的要求，如果你恰巧正准备给这位员工涨工资，那自然是皆大欢喜。

但并不是所有的人都有这么幸运，也许你的员工的工作表现不好，你认为他目前没有达到加薪的标准；也许看到员工辛辛苦苦、尽职尽责地工作，你打心眼里也想给员工加薪，但是无奈正值金融危机之际。而此时你的公司正面临利润滑坡、预算紧缩的情况时，答应下属的加薪要求是不可能的，一口回绝也是不理智、没有说服力的做法，下属很难接受你的这种冷漠态度，甚至闹到老板那里才罢休，最终弄个不欢而散的结局，而这恰恰是我们大家都不愿看到的。

加薪，不可能；不加薪，两败俱伤。我们应该采取何种方法才能使拒绝下属的要求既显得合情合理，又不影响下属的情绪呢？首先我们必须明确态度，员工要求加薪是正常现象，我们不能因为员工要求加薪而对其另眼看待，作为员工的领导者，要认真对待下属提出的每一个要求，在认真考核下属的价值和薪酬后，根据公司的具体经营情况，最终做出让员工心服口服的决定。

而对于那些不合理的加薪请求，领导者要果断地拒绝，但是要注意方式和方法，避免矛盾的产生。

1. 要学会委婉地拒绝

某一天，当你正在办公室埋头工作的时候，你的一名下属敲门进来，并向你直截了当地提出加薪要求。

这个时候，你一定要讲究一下说话的策略，特别是对那些为公司做出很大贡献、具备一定实力的员工，你更加需要慎之又慎。

如果你不假思索立即对员工说"不"，便会很大程度上挫伤员工的工作积极性，从而导致你的领导魅力急剧下降。

甚至有的员工在向你提出加薪要求前，就已经做好了鱼死网破的准备——加薪不成，另谋他职。如果你真心不想失去这样的好员工，面对这样的情况，你就需要在谈话的时候谨小慎微，而最有效的方法是委婉地拒绝。这种方法就是在谈话中先肯定下属的工作能力和对他的良好印象，然后谈谈公司目前遇到的经济困境和公司的发展前景，巧妙而委婉地否定他目前的加薪要求。

2. 给员工一个合理的理由

其实，当员工向你提出加薪要求之前，需要花较多的时间来鼓足勇气走进你的办公室。甚至有的员工在走进你办公室之前，已经做了两手准备。

如果你能本着设身处地的态度，为下属着想，给出合理的拒绝加薪的理由，让下属明白你这样做不是独断专行，而是事出有因，相信你一定能获得员工的理解和谅解。

所以，面对员工的请求，请不要敷衍了事。你最好心平气和地请员工坐下来，通过与下属的沟通知道员工想加薪的理由，也让自己了解下属的问题所在。这样做的好处，不仅有利于你从员工的角度看问题，而且在自己随后拒绝员工的时候也更有针对性和说服力。

王强是北京一家出版公司的管理层，担任编辑部主任。

某个周三的下午，员工闫明向身为上司的王强提出加薪要求。

王强并没有立即回复闫明是否给他加薪，而是思考了一下，态度诚恳地对闫明说："小闫，我知道你做助理编辑已经有一段时间了，并且你在工作中提出的几点建议，我觉得对公司的以后发展有很重要的意义。但是，咱们公司有一个系统的规章制度，任何人都不能凌驾于其之上，你离公司规定的第一次薪金评估还有较长时间。所以，目前我还不能接受你的加薪要求。

"还有就是，目前你现有的这份业绩表还不是很完善，有些数据的说服力有些欠缺。年底的评估也快要到了，你再加把劲，争取让你手上的那两本书稿能够在年底付印。如果你能在咱们公司最新设立的那个项目中做出一些成绩，在年底评估的时候，我就有为你争取加薪机会的资本。"

给员工一个合理的理由，告诉他以他目前的工作成绩还达不到公司的加薪要求。如果条件允许的话，还可以将拒绝的负面影响转化为正面的激励作用——利用加薪的机会激励员工取得更好的成绩。

3. 不乱开空头支票

我们都知道，在面对员工不合理的加薪要求，或者是目前来说不能满足的加薪请求时，作为一名优秀的管理人员，我们都会在恰当的时机，变通而果断地告诉员工"不"。

须注意的是，作为领导不要因为拒绝了下属的合理要求而心存内疚，切勿不负责任地做出超越自己权限的承诺，乱开空头支票。

因为即使你一再强调你承诺的事要视将来情况决定，如等到业绩有了转机等，下属仍可能将它看作承诺。这样在不能兑现时，不仅会降低你在员工中的威信，也给双方带来很多不必要的麻烦。

4.可以将加薪换成其他奖励方式

加薪的最大好处在于，一旦给员工加薪，那么员工的工作积极性就会提高。其实，有很多种其他方式也能达到这个目的。

如果你打算拒绝给员工加薪，又不想打击员工的工作积极性，不妨尝试将加薪换成其他奖励方式，比如为员工提供良好的发展空间，让员工在公司内部发挥更大的作用，在技术、经验上得到积累；或者提供难得的培训机会等。比如：

"我知道，公司因为暂时面临困境，无法满足你的加薪要求，可能让你很失望。所以，根据你的情况，公司管理层在昨天的会议上进行了一次沟通，提出了这样一个方案：调你到公司总部的技术部工作，虽然那里的薪资待遇和这里相同，但是相对来讲，生活和办公室条件要比这里优越。更重要的是接受培训的机会比较多，你作为年轻的技术员，在那里会找到更多的发展机会，你觉得怎么样？"

一般来说，员工对于这样的安排都会欣然接受，并希望自己抓住这次机会，通过这次机会在公司内部发挥自己更大的优势，使自己无论在技术上，还是经验上都有的一次质的飞跃。毕竟在员工内心深处，无论在哪里工作，收获更有价值的东西比金钱更重要。

虽然你拒绝了员工的加薪请求，但是这样做的好处是你不仅没有挫伤员工的工作积极性，而且为那些有上进心的员工提供了更好的发展空间。他们会理解你的。

得体地拒绝下属的不合理要求

对于任何人来说，拒绝别人都是件很棘手的事情，作为上司也一样，对于下属所提出的无理要求如果给予直接拒绝，恐怕会伤害下属的自尊心，并且从另一个方面来看，过于直率的拒绝，也不利于自己待人接物。

有这样一个笑话。一位员工经常请假，领导很不高兴。一次，这位员工又向领导请假，领导对员工说："你想请一天假？看看你在向公司要求什么：一年里有 365 天你可以工作。一年 52 个星期，你已经每星期休息 2 天，一共 104 天，剩下 261 天工作。你每天有 16 小时不在工作，去掉 174 天，剩下 87 天。每天你至少花 30 分钟时间上网，加起来每年 23 天，剩下 64 天。每天午饭时间你花掉 1 小时，又用掉 46 天，还有 18 天。通常你每年请 2 天病假，这样你的工作时间只有 16 天。每年有 5 个节假日公司休息不上班，你只干 11 天。每年公司还慷慨地给你 10 天假期，算下来你就工作 1 天，而你还要请这一天假！"

当然这只是一个笑话罢了，但该领导拒绝下属的思路是非常值得我们借鉴的。身为领导，一方面你要对下属的合理要求给予满足，使他们认识到你总是尽量地在帮助他们，应该办的事情都会给他们办；另一方面，对于某些下属所提出的不合理要求，你要在坚持原则的情况下，在委婉地提出不能办的各种原因之后，巧妙地劝阻他们不要得陇望蜀。

也就是说，领导者对下属说"不"时，既要坚持自己的原则，又应维护下属的自尊心，激发下属工作的积极性，充分展现自己作为领导的风度。

正确对待同事之间的竞争

竞争，在职场中不可避免。竞争使人际关系的天平多了一个砝码。这个砝码将怎样倾斜，你一定要做到心中有数才行。

小张和小李是好朋友，也是相处多年不错的同事。他们公司的新经理制订了一个奖励措施，谁创效益最多就给谁一个特别奖，金额颇为可观。小张非常希望获得这笔钱，因为他的孩子上自费大学急需一笔钱；小李也对这笔钱看得很重，因为他爱人整天向他嘀咕谁的老公又买了辆小车，谁的老公又升了一级职位……小李极其希望借着新经理的改革举措，能让自己在夫人面前扬眉吐气。小张疯狂地跑业务，绞尽脑汁地联系，有时，也将自己的情况诉说给小李。小张不相信同事之间会失去真诚和友谊，他认为几年来他俩已相处得挺好。忽然间，小张发现自己的一些客户都支支吾吾、躲躲闪闪、言而无信了。他不明白为什么。

有人告诉他，他的客户听说他是品行恶劣的人，喜欢擅自将商品掺假，自己从中获取非法利益……总之，关于他的谣传很多。

年底的时候，小李最终获得了特别奖。小张从小李的业绩单上顿悟。他的嘴里不断地喃喃自语：怎么会这样？怎么会这样？

在竞争中，当你棋逢对手时，你的情感、理智、道德都遭遇最大的考验。当你想获得成功的时候，是否不遵守道德准则？当你坦诚地面对竞争者，对方是否也如你一样坦诚？

小张和小李的案例虽属于个例，但面对竞争者谨慎小心也很重要。

同事争功，用不伤和气的方式捍卫自己

你是否有过以下的经历？一天，一位与你稔熟的同事向你提出建议，一起合作帮助上司整理历年来的开会资料记录，虽然此举会增加工作负担，却不失为一个表现的好机会，可以获得升职与加薪。你对于这样的提议大表欢迎，甘愿每天加班完成额外的工作，也没有发出丝毫怨言。可是，你怎样也想不到，对方竟然把全部功劳归为己有，在上司面前邀功，结果他获得上司的提拔，使你又惊又怒。

一开始，你还不太在意，渐渐地，连其他同事也看不过眼，谣言开始满天飞，令你再难以忍受这一切。

这时候如果你公开地表示不满，只会把事情弄得更糟，给某些不怀好意的人以更多挑拨离间的机会，得不偿失。

你向上司或老板投诉以表明态度也不是妙法，这样容易变成"打小报告"的人，人家只会以为你"争宠""妒才"，甚至是"恶

人先告状"，无端留下坏印象，错上加错。

对自己做出的成绩，除非你打算继续坐冷板凳，蹲在角落里顾影自怜，否则，每当做完自认为圆满的工作，要记得向上司、同事报告，别怕人看见你的光亮；当有人来抢夺属于你的功劳时，也要坚决捍卫。

一般来说，你可以选择这样的方式来捍卫自己的成果。

1. 想法和创意提前提出

很多时候，你在不经意间提到的想法和创意很可能被你的同事拿去用了。一旦等他们用后，你再和上司去说，估计就迟了。所以，一定要注意，有什么好的想法和创意，一定不要随便说出，先想好了，有了十足的把握就去和上司谈。

2. 用短信澄清事实

当然，首先写的短信不能有任何坏的影响，短信内容一定不能让对方产生不悦。写短信的主要目的是要委婉地提醒一下对方，自己当初随便提出的想法，是怎样演变到今天这个令人欣喜的样子。在短信中适当的地方，你可以写上有关的日期、标题，可以引用任何现存的书面证据。

在短信的最后要建议进行一次面对面的讨论，这是很重要的，这能让你有机会再次含蓄地加强一下你的真正意思：这主意是你想出来的。

3. 不着急和他人夺功

不着急和他人争功，并不是不争，而是要找准时机，怎样安排自己的语言。

在做出决定时，要考虑打这场"官司"得花费多少精力。如果你正在准备一次重要的提升，或者证明"所有权"只能使你疲惫不堪，再或者也许还会让你的上级生气，让他们纳闷你为什么不能用这个时间来做点更有意义的事情。在这些情况下，退出争夺战显然是上上之策。

做事量力而行，不要不好意思拒绝

很多人都有做"老好人"的倾向，对于别人的请求，往往不好意思拒绝。总是说"好"，到后来就习惯性地说"好"，应承下来那些做不到的事情，使自己处于尴尬的境地中。这种"好好先生"或者"好好小姐"不好意思说"不"，他们说"不"怕让别人失望，怕让别人伤心难过，结果有时候不得不硬着头皮去做答应别人的事。

不得不说，"好好先生"或者"好好小姐"确实心地善良，凡事愿意为别人考虑，总是对自己的要求很高，想竭尽全力把事情做到最好，得到周围人的认可。但这样的形象一旦在周边的人群中确定，别人就会理所当然地认为什么请求都可以提出，因为他们知道你会说"好"。如果你拒绝，反而被视为不正常了。

"好好先生"或者"好好小姐"为什么不好意思拒绝呢？不好意思拒绝的原因是多种多样的，比如，接受比拒绝更容易。尽管在别人请求时，要拒绝非常困难，但还是要学会拒绝。如果不懂得量力而行的话，那你损失的就不仅仅是别人的期望了。因而，在他人提出要求时不要急着答应，而是用"我先考虑一下""我试试吧"等委婉的说辞，这样既不会伤害别人，也给别人一个心理预期，能做到是好事，做不到的话那只能让他另请高明了。

想做一个广受爱戴的好人，并不是一件容易的事情。你不仅得对他人的要求一一答应，还得对他人照顾周全，甚至耽误自己的正事。当然了，如果你有能力的话，那自然是好事。如果没有，那"好人"就会变成自己的包袱。因为过度强化了拒绝的后果，担心拒绝会惹恼对方，结果委屈自己答应不愿意做的事。如果掌握了拒绝的技巧，会在相当大的程度上避免和消除这种结果。

但其实，拒绝的艺术就在于：量力而行！在自己能力范围内办自己能办的事情，将拒绝的道理讲给被拒绝者听，一则可以规避自己因能力不足而耽误他人；二则可以介绍资源给他，做力所能及的事。

因此，拒绝有利于应承者反思与检点自己。对照以下，查查自己是否都有这样的疑虑，并找找看除此之外是否还有别的原因。在了解不好意思拒绝的原因之后，我们就要对症下药，学会拒绝的技巧，做到量力而行。

某客服部门的主管，在处理客服问题时很有经验，他总结了很多现场经验，将自己的拒绝经验整理成了培训文案，方便大家借鉴。

耐心倾听请托者的要求。即使你明知道这件事没有商量的余地，也不能粗鲁地打断对方。应该认真听完对方的要求，以表示对对方的尊重。

如果无法当场决定是否拒绝，要明确地将自己的顾虑说出来，请求对方理解，并给对方一些合理化的建议。如果需要考虑后答复对方，要给出对方明确的答复时间。

如果确实需要拒绝对方，应适当表达自己的歉意，并感谢对方想到自己。表达拒绝时，应该真诚而坚定。你自己心里要明白，你拒绝的是请托者的事情，而不是其本人。

学会拒绝，不是不负责任，而是在拿捏好分寸之后的大智之举。真诚的拒绝要比虚假的应承更有感染力，它好过答应下来别人的事情而无法做到，它也好过自己爱莫能助时的牵强附会、执意妄为。

学会拒绝是一种沉稳的表现，是一种意志和信心的体现。人生不仅仅只有接受，每个人都有自己的人生准则和道德标准。所以说，要想把握好拒绝的分寸和为人的尺度，一定要量力而行！

第九章

千万别道德感泛滥，
该出手时就出手

宽厚待人，但拒绝别人的伤害

在武则天统治时期，有个丞相叫娄师德，史书上说他"宽淳清慎，犯而不校"。意思是：处世谨慎，待人宽厚，对触犯过自己的人从不计较。

他弟弟出任代州刺史时，娄师德嘱咐说："我们弟兄受到的恩宠太多了，这是要遭人嫉恨的。你想过没有，怎样才能保全自己？"弟弟回答说："以后，有人朝我脸上吐唾沫，我擦干就是了，你尽管放心吧！"

娄师德忧虑地说："我不放心的就是这点！人家唾你脸，是生你的气，你把唾沫擦掉，岂不是顶撞他？这只能使他更火。怎么办？人家唾你，要笑眯眯地接受。唾在脸上的唾沫不要擦掉，让它自己干！"

在封建社会，娄师德这种"唾面不拭"的做法，一直被传为美谈。然而，我们今天看来，这种不辨是非、不讲原则的一味忍让、屈从，以求保全自己的做法，并不是真正的宽容。

我们提倡的宽容，是指在一些非原则问题上不要斤斤计较、睚眦必报。在涉及全局和整体利益的问题上要坚持原则，严于律己，要避免打着宽容的旗子做老好人，而损害全局或整体的利益。

另外，胸襟开阔并非等于无限度的容忍，包容并不等于对已构成危害的犯罪行为加以接受或姑息。正确的宽容才会使人有更好的人际关系，自己在心理上也会减少仇恨和不健康的情感；对于一个群体而言，胸襟开阔，无疑是一种创造和谐气氛的调节剂。因此，宽容是建立良好的人际关系的一大法宝，以德服人是形成凝聚力的重要武器。

只有用"德"去治人，治你的事业和天下，你才会信心百倍地走向成功，同时你的完美个性才能得到体现。宽容是能够让人品德高尚的好习惯。我们应该培养这个习惯，从现在开始，用宽容、豁达主宰我们的品行，开创事业的美好前途。

胸襟开阔，是人生的奥秘。但胸襟开阔不是无原则地容忍、退让，胸襟开阔是一种超脱，是自我精神的解放，宽容要有点豪气。

乍暖还寒寻常事，淡妆浓抹总相宜。与其悲悲戚戚、郁郁寡欢地过一辈子，不如痛痛快快、潇潇洒洒地活一生，难道这不好吗？人活得累，是心累，常读一读这几句话就会轻松得多："功名利禄四道墙，人人翻滚跑得忙；若是你能看得穿，一生快活不嫌长。"凡事到了"淡"，就到了最高境界，天高云淡，一片光明。

智慧地忍辱是有所忍，有所不忍

忍辱是佛教六度中的第三度。在《遗教经》中有这样的文字："能行忍者，乃可名为有力大人。若其不能欢喜忍受恶骂之毒，如饮甘露者，不名入道智慧人也。"如此看来，似乎唯有接受一切有理或无理的谩骂，才称得上真正的忍辱；在《优婆塞戒经》中，需要"忍"的"辱"就更多了：从饥、渴、寒、热到苦、乐、骂詈、恶口、恶事，无一不需要忍。

圣严法师承认忍辱在佛教修行中非常重要，佛法倡导每个修行者不仅要为个人忍，还要为众生忍。但是，所谓"忍辱"应该是有智慧地忍。

第一，有智慧地忍辱须是发自内心的。

有位青年脾气很暴躁，经常和别人打架，大家都不喜欢他。

有一天，这位青年无意中游荡到了大德寺，碰巧听到一位禅师在说法。他听完后发誓痛改前非，于是对禅师说："师父，我以后再也不跟人家打架了，免得人见人烦，就算是别人朝我脸上吐口水，我也只是忍耐地擦去，默默地承受！"

禅师听了青年的话，笑着说："哎，何必呢？就让口水自己干了吧，何必擦掉呢？"

青年听后，有些惊讶，于是问禅师："那怎么可能呢？为什么要这样忍受呢？"

禅师说："这没有什么能不能忍受的，你就把它当作蚊虫之类的停在脸上，不值得与它打架。虽然被吐了口水，但并不是什么侮辱，就微笑地接受吧！"

青年又问："如果对方不是吐口水，而是用拳头打过来，那可怎么办呢？"

禅师回答："这不一样吗！不要太在意！这只不过一拳而已。"

青年听了，认为禅师实在是岂有此理，终于忍耐不住，忽然举起拳头，向禅师的头上打去，并问："和尚，现在怎么办？"

禅师非常关切地说："我的头硬得像石头，并没有什么感觉。但是你的手大概打痛了吧？"青年愣在那里，实在无话可说，火气消了，心有大悟。

禅师告诉青年"忍辱"的方式，并身体力行，他之所以能够坦然接受青年的无理取闹，正是因为他心中无一辱，所以青年的怒火伤不到他半根毫毛。在禅宗中，这叫作无相忍辱。这位禅师的忍辱是自愿的，他想通过这种方式感化青年，并且收到了效果。生活中还有些人，面对羞辱时虽然忍住了嗔火或抱怨，但内心因此懊恼、悔恨，这种情况就不能称为"有智慧地忍辱"了。

第二，有智慧地忍辱应该是趋利避害的。

所谓的"利"，应该是他人的利、大众的利，"害"也是对他人的害、对大众的害。故事中，禅师虽然挨了青年一拳，但青年因此受到了感化。对于禅师来说，虽然于自己无益，但对他人有益，所以这样的忍辱是有价值的；如果说对双方都无损且有益的话，就更应该忍耐一下了。但也存在一种情况，忍耐可能对双方都有害而无益。

所以，一旦出现这种情况，不仅不能忍耐，还需要设法避免或转化它。圣严法师举了这样的例子：一个人如果明知道对方是疯狗、魔头，见人就咬、逢人就杀，就不能默默忍受了，必须设法制止可能会出现的不幸。这既是对他人、众生的慈悲，也是对对方的慈悲，因为"对方已经不幸，切莫让他再制造更多的不幸"。

智者的"忍"更需遵循圣严法师的教导，有所忍有所不忍，为他人忍，有原则地忍。

沉默有时是一种自我伤害

"沉默是金"被很多人所认同，认为有些事情无须过多解释，时间终会让事实真相大白的。但是很多时候，如果不及时地解决这些问题的话，就会给我们造成巨大的物质上的损失，以及长时间精神上的折磨，甚至让我们因此丧失生命。

在一个治安状况很差的城市中，一位检察官正直、勇敢，不屈不挠地与恶势力斗争，因而引起了当地许多暴力团伙的刻骨仇恨，一再威胁、恐吓、骚扰，但检察官毫不动摇。不料，一家很有影响的报社突然报道了他与女职员的亲密关系，还配发了两个人在一起走路、交谈的照片，文中对他的评价是"伪君子、无耻之徒"。其实那不过是一次公务会面，而检察官对此也不予理会。

岂料，这样的谣言越来越多，检察官的生活陷入一片混乱，甚至家人也不再信任他。当他得知自己将接受一次关于受贿指控的调查时，他的精神终于崩溃了。他选择了死亡，用血的惊叹号来证明自己的清白。在他的遗书中，他写道："现在我知道，名誉比生命的价值更高。在我被彻底玷污之前，我必须离开……"

一个坚强的硬汉，败在捕风捉影的谣言下。只要一点点谣言，就能在他的名誉上制造一个污点，失去人们信任的他最终走向毁灭。

生命中难免遭到各种各样的误会，甚至是别人的诋毁，如果我们此时还坚持"清者自清"的古训，那么，受伤害的只能是自己。沉默并不是最佳的选择，只有站出来，采用适当的方式澄清自己，才可能消除谣言和不良影响，维护自己的名誉。

中国台湾产的"玛莉药皂"本来是销路很好的商品，但由于一度传出向美国出口的药皂中某种物质含量过大，有害人体，于是它的销量一下子萎缩了 2/3。制皂公司在检测产品没有问题之后，决定挽回信誉。

他们在主要报刊上同时刊出一则《玛莉征求受害人》的广告。说凡是因使用"玛莉药皂"有不良反应的，经医院证明，且复查属实，就可以得到 50 万元新台币的赔偿。但要求受害者 10 天之内将有关证明直接寄到律师事务所。3 天以后，他们又刊出这则广告，印出"截至目前，无应征受害人"。

又过 3 天，广告再次出现，说"应征受害人有两个"，然后说明其中一个没有医院的证明，不受理；而另一个在复查中。再过 3 天，广告第三次出现，题目为《谁是受害人》，说那个受害人经复查，皮肤红疹为吃海鲜所致，受害人自行撤诉；并申明，一过 10 天期限，就不再受理此类案子。

等到超过 10 天期限后，他们马上登出整版广告，标题为《我是受害人》，说自己才是最无辜的受害者，因为寻遍世界各地，并无"玛莉药皂"致病先例！广告上设计了一副手铐铐着"玛莉药皂"。这则广告一刊登，果然引起轰动，轰动之余便是"玛莉药皂"的销售量大幅回升。

如果"玛莉药皂"的厂商对于谣言采取不予理睬的态度，认为时间会证明一切，那么"玛莉药皂"的销量一定还会受到影响。因为一旦有了坏的影响，人们一般就会采取宁可信其有不可信其无的态度。销售量长期受到影响，导致的则是企业的生存危机，如果企业都倒闭了，还谈什么"清者自清"？所以时间上根本不容许真相的证明。厂商正是采取了巧妙的方式澄清了事实，才让企业的经营状况也得到了好转。

因此如果遭到误会或者诽谤，就需要通过正确的方式消除误会和影响，以减少损失和伤害。

忍无可忍，不做沉默的羔羊

在社会上，有些人总是本本分分、规规矩矩，他们在工作中任劳任怨，在生活中洁身自好，各个方面都达到了社会规范的基本要求。然而，他们即使被人欺负了，遭受了不公正的待遇还是忍气吞声，就像一只"沉默的羔羊"，他们这种逆来顺受的性格只会受到别人的再次侵害。俄国著名作家契诃夫的一篇文章就足以说明这一点。

一天，史密斯把孩子的家庭教师尤丽娅·瓦西里耶夫娜请到他的办公室来，需要结算一下工钱。

史密斯对她说："请坐，尤丽娅·瓦西里耶夫娜，让我们算算工钱吧！你也许要用钱，你太拘泥于礼节，自己是不肯开口的……喏……我们和你讲妥，每月30卢布……"

"40卢布……"

"不，30……我这里有记载，我一向按30卢布付教师的工资的……你待了两个月……"

"两个月零5天……"

"整两个月……我这里是这样记的。这就是说，应付你60卢布……扣除9个星期日……实际上星期日你是不和柯里雅学习的，只不过游玩……还有3个节日……"

尤丽娅·瓦西里耶夫娜骤然涨红了脸，牵动着衣襟，但一语不发。

"3个节日一并扣除，应扣12卢布……柯里雅有病4天没学习……你只和瓦里雅一人学习……你牙痛3天，我内人准你午饭后歇假……12加7得19，扣除……还剩……嗯……41卢布。对吧？"

尤丽娅·瓦西里耶夫娜两眼发红，下巴在颤抖。她神经质地咳嗽起来，擤了擤鼻涕，但一语不发。

"新年底，你打碎一个带底碟的配套茶杯，扣除2卢布……按理茶杯的价钱还高，它是传家之宝……我们的财产到处丢失！而后，由于你的疏忽，柯里雅爬树撕破礼服……扣除10卢布……女仆盗走瓦里雅皮鞋一双，也是由于你玩忽职守，你应负一切责任。你是拿工资的嘛，所以，也就是说，再扣除5卢布……1月9日你从我这里支取了9卢布……"

"我没支过……"尤丽娅·瓦西里耶夫娜嗫嚅着。

"可我这里有记载！"

"嗯……那就算这样，也行。"

"41 减 26 净得 15。"

尤丽娅两眼充满泪水，修长而美丽的小鼻子渗着汗珠，多么令人怜悯的小姑娘啊！

她用颤抖的声音说道："有一次我只从您夫人那里支取了 3 卢布……再没支取过……"

"是吗？这么说，我这里漏记了！从 15 卢布再扣除……喏，这是你的钱，最可爱的姑娘，3 卢布……3 卢布……又 3 卢布……1 卢布再加 1 卢布……请收下吧！"史密斯把 12 卢布递给了她，她接过去，喃喃地说："谢谢。"

史密斯一跃而起，开始在屋内踱来踱去。"为什么说'谢谢'？"史密斯问。

"为了给钱……"

"可是我洗劫了你，鬼晓得，这是抢劫！实际上我偷了你的钱！为什么还说'谢谢'？""在别处，根本一文不给。"

"不给？怪啦！我和你开玩笑，对你的教训是太残酷……我要把你应得的 80 卢布如数付给你！喏，事先已给你装好在信封里了！你为什么不抗议？为什么沉默不语？难道生在这个世界口笨嘴拙行吗？难道可以这样软弱吗？"

史密斯请她对自己刚才所开的玩笑给予宽恕，接着把使她大为惊疑的 80 卢布递给了她。她羞羞地过了一下数，就走出去了……

对于文中女主人公的遭遇，我们能用什么词汇来形容呢？懦弱、可怜、胆小，就像鲁迅先生说的"哀其不幸，怒其不争"？生活中，如果我们无端地被单位扣了工资，我们的反应又是怎样的呢？

人活着就要学会捍卫自己的利益，该是你的你无须忍让。除了抛弃这种"受气包"的心态，还要从心理上认同，有时"斤斤计较"并不丢脸。

忍一时风平浪静，忍一世一事无成

酒、色、财、气，人生四关，我们可以滴酒不沾，可以坐怀不乱，可以不贪钱财，却很难不生气。所以"气"关最难过，要想过这一关就须学会忍。

忍什么？一要忍气，二要忍辱。气指气愤，辱指屈辱。气愤来自生活中的不公，屈辱产生于人格上的褒贬。在中国人眼里，忍耐是一种美德，是一种成熟的涵养，更是一种以屈求伸的谋略。

"吃亏人常在，能忍者自安"，是提倡忍耐的至理箴言。忍耐是人类适应自然选择和社会竞争的一种方式。大凡世上的无谓争端多起于小事，一时不能忍，铸成大错，不仅伤人，而且害己，此乃匹夫之勇。凡事能忍者，不是英雄，至少也是达士；而凡事不能忍者，纵然有点愚勇，终归难成大事。人有时太愚，小气不愿咽，大祸接踵来。

忍耐并非懦弱，而是于从容之中将"小事化了"。

无论是民族还是个人，生存的时间越长，忍耐的功夫越深。生存在这世上，要成就一番事业，谁都难免经受一段忍辱负重的曲折历程。因此，忍辱几乎是有所作为的必然代价，能不能忍受则是伟人与凡人之间的区别。

"能忍者自安"，以屈求伸，因此凡是胸怀大志的人都应该学会忍耐、忍耐、再忍耐。

但忍耐绝不是无止境地让步，而要有一个度，超过了这个度就要学会反击。

一条大蛇危害人间，伤了不少人畜，以致农夫不敢下田耕地，商贾无法外出做买卖，大人不放心让孩子上学，到最后，每个人都不敢外出了。

大家无奈之余，便到寺庙的住持那儿求救，大伙儿听说这位住持是位高僧，讲道时连顽石都会被点化，无论多凶残的野兽都会被驯服。

不久之后，大师就以自己的修为驯服并教化了这条蛇，不但教它不可随意伤人，还点化了它许多处世的道理，而蛇也从那天起仿佛有了灵性一般。

人们慢慢发现这条蛇完全变了，甚至变得有些畏怯与懦弱，于是纷纷欺侮它。有人拿竹棍打它，有人拿石头砸它，连一些顽皮的小孩都敢去逗弄它。

某日，蛇遍体鳞伤，气喘吁吁地爬到住持那儿。"你怎么啦？"

住持见到蛇这个样子，不禁大吃一惊。"我……"大蛇一时间为之语塞。"别急，有话慢慢说！"住持的眼里满是关怀。

"你不是一再教导我应该与世无争，和大家和睦相处，不要做出伤害人畜的事吗？可是你看，人善被人欺，蛇善遭人戏，你的教导真的对吗？""唉！"住持叹了一口气后说道，"我只是要求你不要伤害人畜，并没有不让你吓唬他们啊！""我……"大蛇又为之语塞。

忍耐是一种智慧，但一味地忍让就成了一种懦弱。凡事都有一个度，把握好这个度，才是正确的处世之道。

但是，如何掌握忍让这个度，乃是一种人生艺术和智慧，也是"忍"的关键。这里，很难说有什么通用的尺度和准则，更多的是随着所忍之人、所忍之事、所忍之时空的不同而变化。它要求有一种对具体环境、具体情况做出具体分析的能力。

总之，善忍，须懂得忍一时风平浪静，忍一世并不可取的道理，当忍则忍，不当忍则需寻找解决之途！

不必睚眦必报，但也不必委曲求全

人生究竟应该以德报怨、以怨报怨，还是以直报怨呢？然而，我们的人生经验会告诉我们，有的人德行不够，无论你怎么感化，恐怕他也难以修成正果。人们常说江山易改本性难移，如果一个人已经坏到底了，那么我们又何苦把宝贵的精力浪费在他的身上呢？现代社会生活节奏的加快，使得我们每个人都要学会在快节奏的社会中生存，用自己宝贵的时光做出最有价值的判断、选择。你在那里耗费半天的时间，没准儿人家还不领情，既然如此，就不用再做徒劳的事情了。

电影《肖申克的救赎》中有一句非常经典的台词："强者自救，圣人救人。"不要把自己当作一个圣人来看待，指望自己能够拯救别人的灵魂，这样做的结果多半是徒劳无益的，何不将时间用在更有价值的事情上呢？

当然，我们主张明辨是非。但是要记住，对方错了，要告诉他错在何处，并要求对方就其过错补偿。如果不论是非，就不能确定何为直。"以直报怨"的"直"不仅仅有直接的意思，"直"，既要有道理，也要告诉对方，他哪里错了。

有人奉行"以德报怨"：你对我坏，我还是对你好；你打了我的左脸，我就把右脸也凑过去，直到最终感化你。有人则相反，以怨报怨：你伤害我，我也伤害你；以毒攻毒，以恶制恶，通过这种方法来消灭世界上的坏事。其实，二者都有失偏颇，以德报怨，不能惩恶扬善；以怨报怨，则冤冤相报何时了？

以怨报怨，最终得到的是怨气的平方；以德报怨，除非对方真的到达一定境界，否则只会让你继续受到更多的伤害。其实，做人只要以直报怨，以有原则的宽容待人，问心无愧即可。

宽容不是纵容，不要让有错误的人得寸进尺，把错误当成理所当然的权利，继续侵占原本属于你的空间。挑明应遵守的原则，柔中带刚，思圆行方，既可以宽容错误的行为，又能改正他的错误。

当人们面对伤害时，不必为难，你只需以直报怨就好了。不必委曲求全，也不要睚眦必报，有选择、有原则地宽容，于己于人都有利。

爱情不是慈善，不喜欢就果断拒绝

我们每一个人都有爱的权利，更有选择爱的权利，进而就有拒绝那些疯狂追求者的权利。

一些人面对自己不喜欢的追求却不知道怎么拒绝，原因是他们太善良，不忍心对着为了自己付出了很多的人说出那个残忍的"不"字，但是如果就这样假装自己被感动而勉强和对方在一起的话，只会是对自己更大的折磨。试想谁能坚持每天假装喜欢一个人呢？等到实在受不了了再说分手的时候，那无疑让自己更加难受，也会给对方造成更大的痛苦。他可能认为你残忍、无情，欺骗了他的感情。所以长痛不如短痛，我们想要自己活得快乐，有时候就难免得让一些人失望了。

有很多既漂亮又聪明的女孩，虽然身边充斥着疯狂追求者，但是她们没有那么多烦恼，因为她们总能知道如何运用拒绝的方法。她们不会当面直接拒绝这些疯狂追求者，而是与他们非常融洽地相处。也让那些疯狂追求者明白一个前提，那就是他们之间只能做朋友，不会发展为恋人关系。

有时候如果你说你有男朋友了，有些追求者是不会死心的，但是如果你说你已经结婚了，那些追求者就会自动打退堂鼓。但是，还是有一些因为疯狂追求而酿成惨剧的案例，让我们触目惊心。

2012 年的 2 月 24 日，随着网络上曝光的一件事，周岩以极快的速度进入人们的视野。人们在震惊的同时，又不禁扼腕叹息。

合肥女中学生周岩因拒绝同学陶汝坤的求爱，竟被陶汝坤用打火机燃油烧伤毁容。

2011 年 9 月 17 日晚，因多次追求周岩不成，陶汝坤为了报复来到周岩家中，将事先准备的灌在雪碧瓶中的打火机燃油泼在她身上并点燃，致其面部、颈部等多处烧伤。惨剧发生后，周岩在接受安徽媒体采访时表示，在校期间，陶对其进行追求，但她一直不愿意，陶以逼迫、威胁等手段要周跟他在一起，她跟老师与家长反映都没有任何效果。

看到惨遭毁容的可怜女孩周岩，人们在谴责陶汝坤的同时，也开始反思如何避免类似悲剧的再次发生。惊讶于到底是什么样的深仇大恨，陶汝坤要这样对待一个跟自己同龄的花季少女。真相曝光之时，不禁让人大跌眼镜。

是啊，这样的一位花季少女，正值人生最美丽的时刻，还有大好的青春正需要她去享受，正是在这样一个人生最美丽的季节，自己的花容月貌却被疯狂的、变态的追求者毁坏。就算再去追求肇事者的责任也好，可对于周岩来说，生命似乎已经看不到曙光。多大的惩处也不能减轻她现在的一丝痛苦。

在日常生活中，我们也许会遇到这样的疯狂追求者：他会经常去你所在的教室骚扰你；在你通过走廊的时候趁机拦截你；甚至夸张到一路紧追至女厕所；他还会每天都给你写一封情书，通过别人打听到你家的电话号码，有事没事就打电话到你家里去；恐怖的是他还会开摩托车跟踪你回家从而知道你的家庭住址。

那么，我们究竟该怎么做，才能在拒绝疯狂追求者的同时还不受伤害呢？由于女性一般都比较心软，所以她们在拒绝追求者求爱的时候，往往不会直接拒绝，觉得那样容易伤害对方。而一旦你态度不坚决，心软了，一切就前功尽弃了，甚至让他觉得你是在给他机会，进而以为你喜欢他。

对于那些非疯狂追求者而言，女同胞可通过一些暗示行为和语言，或通过第三方来拒绝。但是，对于那些较为"执着"的追求者而言，这些暗示一般很难产生预想的效果，这时候，你就应该明示来打消异性追求的念头，阻止追求行动。

但是，很多事情往往不会朝着你期待的方向发展，比如一些女生收了追求者的花后丢掉，以为这就是拒绝，但对方反而认为收了是愿意给他机会。明示和暗示都无效时，你一定要尽量回避对方，万一不得已接触，一定要在公共场合。就算是约对方讲清楚也要约在公共场所，最好找朋友陪同，这样可多一重人身保障。

如果还是没有效果，你就坚持不跟他讲一句话，他给你写的情书也不要回，他向你家里打电话也不要接，如果他路上追截你，你也假装没事人似的不理他。如果他甚至疯狂到让朋友告诉你他发生了意外，想要见你一面，你也不能心软。只有这样，随着时间的推移，慢慢地，那个疯狂的追求者就会放弃了。有时候，由于工作的关系，我们会与形形色色的客户打交道，而有的客户就会打着合作的旗号，对你展开追求。

如果有个人疯狂地追求你，他会每天拿着一束花象征浪漫地在公司门口等你，看到你从公司下班出来，就殷情地献上早已经准备好的鲜花。即使你斩钉截铁地当面拒绝该客户的追求，但疯狂的追求者之所以叫疯狂，就在于他不会以尊重女性的意愿而适时地结束，而是死缠烂打、永不妥协。如果你通过自己的说辞无法让这位疯狂追求者放弃，那么你可以试试打听到追求者的家庭，要追求者的父母禁止他对自己的骚扰。

即使这样，追求者还是隔三岔五地出现在你公司门口，而你实在是不堪其扰的话，那你只能做出最后一个选择，下决心辞了自己的工作，让追求者无法再找到自己。面对疯狂求爱，其实还有一种最简单而又可行的办法，那就是我们刚开始谈到的：可以编造一个美丽的谎言来拒爱。记得那句话："我结婚了，你不知道吗？"

为了自己的幸福，就要懂得对不喜欢的人的疯狂求爱说"不"，虽然这会带来一些不快，但是也姑且把这看作捍卫自己幸福所必须付出的代价吧。

图书在版编目（CIP）数据

拒绝力 / 连山著 . -- 北京：中国华侨出版社，
2020.1（2020.8 重印）

ISBN 978-7-5113-8158-3

Ⅰ . ①拒… Ⅱ . ①连… Ⅲ . ①人生哲学—通俗读物
Ⅳ . ① B821-49

中国版本图书馆 CIP 数据核字（2020）第 007742 号

拒绝力

著　　者 / 连　山
责任编辑 / 刘雪涛
封面设计 / 冬　凡
文字编辑 / 胡宝林
美术编辑 / 刘欣梅
经　　销 / 新华书店
开　　本 / 880mm×1230mm　1/32　印张：6　字数：149 千字
印　　刷 / 三河市燕春印务有限公司
版　　次 / 2020 年 6 月第 1 版　2021 年 10 月第 5 次印刷
书　　号 / ISBN 978-7-5113-8158-3
定　　价 / 35.00 元

中国华侨出版社　北京市朝阳区西坝河东里 77 号楼底商 5 号　邮编：100028
发行部：（010）88893001　传　真：（010）62707370
网　址：www.oveaschin.com　E-m a i l：oveaschin@sina.com

如果发现印装质量问题，影响阅读，请与印刷厂联系调换。